国际信息工程先进技术译丛

社交大数据挖掘

[日] 石川博 (Hiroshi Ishikawa) 编著

郎为民 陈晓坤 和湘 姜斌 等译

机 械 工 业 出 版 社

本书紧紧围绕社交媒体中的大数据问题，系统介绍了社交大数据的基本概念以及相关的大数据处理技术，重点介绍了网页和媒体的大数据挖掘。全书共分为 14 章，总体上可以分为三部分：第一部分包括第 1 章和第 2 章，介绍了社交大数据的基本概念和内涵，明晰了社交大数据与一般大数据的区别；第二部分为第 3 章至第 9 章，介绍了大数据处理中涉及的基本概念和技术方法，包括假设的定义、通过数据挖掘提出假设的方法，以及假设验证的分析方法；第三部分为第 10 章至第 14 章，详细介绍了社交大数据中的网页和媒体数据挖掘技术、自然语言处理技术，以及社交大数据的应用。本书体系结构完整，内容关注于具有鲜明特色的社交媒体大数据，行文通俗易懂，同时兼具较好的理论参考价值、实用性和指导性。

　　本书可为具有一定相关专业基础、对大数据感兴趣的师生、工程师及其他专业人士提供参考。

译　者　序

当前，云计算和移动互联网正在飞速发展，大数据应用随之开始广泛应用于各个行业。了解大数据，学习大数据理论及其应用几乎成为新时期信息技术行业从业人员的一项必备基础知识。本着为具有一定相关专业基础的大数据爱好者（如学生和工程师等）提供入门级参考书的目的，我们在调研最新的相关外文出版书目的基础上，选择并翻译了本书。作为当前最具热度的主题之一，大数据有关的书目无论是在种类上还是在数量上都很多，在众多书目中这本书之所以能够打动我们，主要是考虑到它的以下三个特点：专注于社交大数据领域；内容深入浅出；理论讲述平实而不失指导性。

首先，该书没有泛泛而谈大数据，而是选择了社交网络中产生的大数据，以这一特定的行业大数据为对象介绍相关的基础概念和应用。市面上不乏很多借大数据热度、炒概念的出版物，然而，真正能让读者"想得清楚，摸得到的"的大数据还是需要落地，需要结合行业应用来讲。本书中社交网络就是我们接触到的浏览网页、网上购物和刷微信朋友圈这些再熟悉不过的日常行为。以这些主题为切入点，读者理解起来就容易多了。随着人们不断加深对世界的认识和持续参加各种社交活动，数据规模将加速膨胀，超乎想象。数据采集能力上去之后，势必要求数据挖掘能力也能跟得上。由此不难推断出数据挖掘技术在社交处理、决策等方面将起到不可替代的作用。本书讲解的正是大数据时代的核心技能——数据挖掘理论，而且有大量的真实应用案例。

其次，该书内容深入浅出，能够提供较好的阅读体验。本书的定位是入门级读物，而不是专业教材。因此，我们可以发现，作者没有陷入严谨的概念定义和定理证明中，更多的则是结合实例，较为简洁明了地将概念和应用采用一种由浅入深、分门别类的方式呈现出来。例如，在介绍网页分类中的支持向量机（SVM）算法时，作者并没有完全按照正式的定义介绍，而是用几段简短的文字、三个非常直观的公式和一张图例简要说明算法思想。也正因为如此，本书口语化的表达较多，力求使行文更加流畅。

最后，尽管本书的文字表达比较平实，但也不失理论参考价值，特别是对于那些想进一步钻研的读者来说，具有较高的指导意义。这一点突出体现在，本书虽然没有过于严谨的学术表述，但是在介绍重要的算法时依然采用类似科技文献的方式将引文标出并详细说明。这些引文对于需要深入了解算法的应用或者是想研究大数据挖掘理论的读者来说帮助很大，他们可以以此为切入点，较快地梳理研究脉络，跟踪最新科研进展。从这一角度来看，本书可以认为是科普读物与专业学术著作间的桥梁，既能满足一般的科普要求，又能方便延伸拓展，为进行学术研究提供很好的参考和桥接作用。

为了更好地翻译本书，我们组建了较强的翻译团队，既有从事数据挖掘方面研究的教授，也有从事社交媒体的工作者，还有在美国做过访问学者、研究机器学习的达人。另外，我们还特意挑选了几名优秀的在读博士生和研究生参与了此项工作。然而，当开始本书的翻译工作之后，我们仍深感翻译工作是一项系统性工程，面临诸多挑战。对于本书来说，最大的挑战是如何在忠实于作者思想的前提下，把握好口语化与精准性表达间的折中。本书的特点之一就是采用了大量自然、口语化的表达，这种方式有助于快速直观地理解概念。另一方面，在叙述的过程中又会不可避免地涉及一些学术名词，清楚而准确地解释这些名词和理论需要相对冗长、严谨的表达。为此，在翻译的过程中，我们在处理很多口语化词句时并不是完全直译，而是根据上下文信息反复斟酌：在行文衔接和背景说明时多用作者的口语化表达，而在重点介绍概念和理论时则没有直译口语化表达，尽量不打断作者的思路。好在热爱和专注让我们不断前进，克服各种困难，完成了翻译工作。

　　本书主要由郎为民、陈晓坤、和湘、姜斌、吴文辉等翻译，国防科技大学信息通信学院的杜智勇、安海燕、张云峰、岳磊、蒋挺、姚晋芳、赵毅丰、杨钊、官友廉、徐钢、胡佳参与了本书部分章节的翻译工作。宋抢龙、高泳洪、郭马坤、余奇、付国宾、徐坤、程磊、曹磊对本书的全部图表进行了加工；赵弘、朱春祥、李晓、戴昌裕、朱义勇对本书的初稿进行了审校，并更正了不少错误，在此一并向他们表示衷心的感谢。同时，本书是译者在尽量忠实于原书的基础上翻译而成的，书中的意见和观点并不代表译者本人及所在单位的意见和观点。本书参考文献中列出的部分网址有可能因为网站更新或者其他原因而无法打开，敬请读者理解。

　　限于水平有限，时间仓促，且大数据挖掘本身就处于快速发展的进程中，书中难免有不当和疏漏之处，诚请各位专家和读者批评指正。

原 书 前 言

当今时代，在科学界、互联网以及物理系统中不断产生大量的数据，这些数据统称为数据洪流。根据 IDC（互联网数据中心）的研究，每年全世界产生和复制的数据估计有161EB。仅 2011 年产生的数据总量就超过了该年度可用存储介质的存储容量的 10 倍或更多。

科学和工程领域的专家通过观察和分析目标现象会产生大量的数据，甚至普通人通过互联网上的各种社交媒体也会自发发布大量的数据。此外，在真实世界中，人们通过物理系统检测到的各种动作会无意识地产生数据。这些数据通常被认为能够产生有价值的信息。

在上述 IDC 的研究报告中，科学界、互联网和物理系统中产生的数据统称为大数据。大数据的特点可以概括如下。

数量（Volume）大：正如它的名字所示，大数据的数量是非常大的。

种类（Variety）多：数据的种类可以扩展到非结构化文本、半结构化数据，比如网络中的 XML、图表等。

速度（Velocity）快：如同推特（Twitter）和传感器数据流的情况一样，数据生成的速度非常快。

因此，大数据的特征通常用 V^3 来表示，即数量、种类和速度这三个单词的首字母。人们期望大数据能够有助于获取科学知识，而且企业也能从中获得价值。

"种类多"意味着大数据出现在各种各样的应用中。大数据本质上包含"模糊性"（vagueness），比如它的不一致性和缺失等。为了获得有价值的分析结果，就必须解决模糊性的问题。此外，最近在日本完成的一项调查显示，很多用户对"模糊性"的担忧如同对大数据应用安全和机制的担心一样。解决这些问题是大数据应用能否成功推广的一个关键。从这个意义上讲，应该用 V^4 而不是 V^3 来描述大数据。

数据分析师也被称作数据科学家。在大数据时代，需要越来越多的数据科学家，他们必备的技能包括以下方面：

- 能够构建一个假设
- 能够验证假设
- 挖掘社交数据以及通用 Web 数据的能力
- 能够处理自然语言信息
- 能够恰当地将数据和知识表示出来
- 能够恰当地将数据和结果进行可视化
- 使用地理信息系统（Geographical Information Systems，GIS）的能力
- 了解各种各样的应用程序
- 了解可扩展性的知识

- 了解和遵守与隐私和安全有关的道德和法律
- 能够使用安全系统
- 能够与客户交流

根据上述标准，本书的内容不一定很全面。然而，从社交大数据的角度来看，本书主要关注的是下述基本概念和相关技术：

- 大数据和社交数据
- 假设的概念
- 用于做出假设的数据挖掘
- 用于验证假设的多变量分析
- Web 挖掘和媒体挖掘
- 自然语言处理
- 社交大数据应用
- 可扩展性

简而言之，本书介绍了特征假设，它在社交大数据时代中具有越来越重要的地位，此外，还介绍了分析技术，如社交大数据的建模、数据挖掘和多变量分析。本书与其他同类书的不同之处在于，本书从学术基础出发，目的是描绘出社交大数据从基本概念到应用的全景。

希望本书能够为那些对社交大数据感兴趣的读者所广泛使用，包括学生、工程师、科学家和其他专业人士。此外，我要深深感谢家人的大力支持。

石川博（Hiroshi Ishikawa）

目　　录

第 1 章　社 交 媒 体

社交媒体是社交大数据应用不可或缺的要素。在本章中，我们首先将社交媒体分为几个类别，并解释每个类别的特征，以便更好地了解什么是社交媒体。然后，我们将从社交大数据应用所需要分析的角度来选择重要的媒体类别，解决每个类别中包括的代表性社交媒体，并描述该社交媒体的特征，关注社交媒体的统计、结构和互动，以及它与其他类似的社交媒体的关系。

1.1　什么是社交媒体

通常，社交媒体站点包括作为其平台的信息系统及其在网络上的用户。该系统使用户能够与其进行直接交互，而用户则可以被系统以及其他用户识别。两个或多个用户构成明确或隐含的社区，即社交网络。社交媒体中的用户在社交网络分析的背景下通常被称为行动者。通过参与社交网络以及与系统直接交互，用户可以享受由社交媒体站点提供的服务。

更具体地说，社交媒体可以根据服务内容分为以下类别。

- 博客：此类别中的服务使用户能够以日记样式在文本中发布关于某些主题（包括个人或社交活动）的解释、情绪、评价、行动和想法。
- 微博：用户在微博中通常以较短的文本描述某个主题。例如推文，即推特的文章，最多包含 140 个字符。
- 社交网络服务（Social Network Service，SNS）：此类服务支持在用户之间创建社交网络。
- 共享服务：此类别中的服务允许用户共享电影、音频、照片和书签。
- 视频通信：利用此类别的服务，用户可以举行会议，并与其他用户使用实时视频进行聊天。
- 社交搜索：利用此类别的服务，用户能够在随后的搜索中反映当前搜索结果的喜好和意见。其他服务还包括，不仅允许专家，也允许用户直接回复查询。
- 社交新闻：通过此类别的服务，用户可以将新闻作为主要来源，也可以重新发布和评估已发布的喜爱的新闻项目。
- 社交游戏：此类别中的服务使用户能够与由社交网络连接的其他用户玩游戏。
- 人力外包：通过这一类的服务，用户可以将部分或全部工作外包给能够胜任该工作的外部用户。
- 协作：此类服务支持用户之间的协同工作，并使用户能够发布协同工作的结果。

1.2　代表性社交媒体

考虑到用户数量和当前情况下媒体的社会影响，微博、社交网络服务、视频分享、照片分享，以及协作都是社交大数据应用的重要类别，对社交媒体数据分析和结果的利用也是大数据的来源之一。我们将解释每个类别中具有代表性社交媒体的配置文件（即特征），以及通用的网页文件，重点关注以下几方面，以便进行有效的分析。

- 类别和基础
- 数量
- 数据结构
- 主要的交互
- 与类似媒体的比较
- 应用程序界面

1.2.1　Twitter

（1）类别和基础

Twitter 是由杰克·多尔西（Jack Dorsey）在 2005 年创立的微博服务平台之一，如图1.1 所示［Twitter 2014，Twitter – Wikipedia 2014］。

图 1.1　Twitter

Twitter 起源于媒体发展的思想，这些媒体是高度活跃的，适合朋友之间的沟通。据说它引起了广泛注意，部分原因是它的用户增加地如此快。例如，在 2011 年，当宫崎骏的动画电影《天空之城》在日本作为电视节目播放时，在一秒钟内就有 25088 条推文，使得它成为人们关注的中心。

（2）数量

- 活跃用户：200 M（M：百万）
- 每天搜索次数：1.6 B（B：十亿）

- 每天推文数：400 M

（3）数据结构

（与用户相关的）

- 账号
- 配置文件

（与内容相关的）

- 推特

（与关系相关的）

- 到网站、视频和照片的链接
- 用户之间的关注者 – 被关注者关系
- 搜索记忆
- 用户列表
- 推特书签

（4）主要的交互

- 创建和删除一个账号
- 配置文件的创建和更改
- 推文的贡献：由用户贡献的推文，其后跟着另一个用户出现在关注者的时间线中。
- 删除一条推文
- 搜索推文：可以用搜索词或用户名搜索推文。
- 转发：如果由用户转发一条推文，推文将出现在关注者的时间线上。换句话说，如果用户关注了另一个用户，后者转发一条推文的话，然后这篇推文将出现在前者的时间线上。
- 回复：如果某用户回复了发布该推文的用户的消息，则该消息将会出现在关注他们的另一个用户的时间线中。
- 直接发送消息：用户直接向其关注者发送消息。
- 添加位置信息到推文
- 散列标签加入推特：推文以"#"开始的字符串作为搜索条件之一。散列标签通常表明特定的主题或构成连贯的社区。
- 在推文中嵌入网页的网址
- 将视频作为链接嵌入到推文中
- 上传和分享照片

（5）与类似媒体的比较

Twitter 是文本导向的，类似通用的博客平台，如 WordPress［WordPress 2014］和 Blogger［Blogger 2014］。当然，Twitter 还可以包括如上所述其他媒体的链接。另一方面，推文的字符数要少于一般博客文章的字符数，并且发布的也更加频繁。顺便说一句，WordPress 不仅是一个博客平台，而且还能够轻松地构建 LAMP（Linux Apache MySQL PHP）栈上的应用程序，因此它被广泛用作企业的内容管理系统（Content Management System，CMS）。

（6）应用程序界面

Twitter 提供了代表性的状态转换（Representational State Transfer，REST）和流媒体作

为它的 Web 服务应用程序界面。

1.2.2　Flickr

（1）类别和基础

Flickr［Flickr 2014，Flickr – Wikipedia 2014］是由斯图尔特·巴特菲尔德（Stewart Butterfield）和卡特里娜·菲克（Caterina Fake）于2004年创立的公司 Ludicorp 推出的照片共享服务（见图 1.2）。Flickr 专注于聊天服务，在创立早期提供实时照片交换。然而，现如今它的照片共享服务变得更受欢迎，而最初以聊天为主要目的的业务却消失了，部分原因是它存在一些问题。

图 1.2　Flickr

（2）数量
- 注册用户：87M
- 照片数量：6B

（3）数据结构

（与用户相关的）
- 账户

- 配置文件

（与内容相关的）

- 照片
- 设置照片集
- 喜欢的照片
- 注释
- 标签
- 可交换图像文件格式

（与关系相关的）

- 分组
- 联系
- 相册（照片）的书签

（4）主要的交互

- 创建和删除一个账号
- 配置文件的创建和更改
- 上传照片
- 打包成照片集
- 给照片添加注释
- 在地图上排列照片
- 向组添加照片
- 在朋友或家人之间建立联系
- 通过解释和标签搜索

（5）与类似媒体的比较

在照片共享服务类中，虽然 Picasa［Picasa 2014］和 Photobucket［Photobucket 2014］也像 Flickr 一样流行，在这里我们将选取 Pinterest［Pinterest 2014］和 Instagram［Instagram 2014］作为代表，它们是具有独特功能的新对手。与 Flickr 相比，Pinterest 在用户端提供轻量级服务。也就是说，在 Pinterest 中，用户不仅可以上传如同 Flickr 的原始照片，而且还可以通过他们在 Pinterest 以及 Web 上搜索和找到的引脚，将他们喜欢的照片粘贴在自己的公告板上。另一方面，Instagram 则是为用户提供了许多过滤器，通过它们可以轻松地编辑照片。2012 年 6 月，Facebook 宣布收购了 Instagram。

（6）应用程序界面

Flickr 提供 REST，XML – RPC（XML 远程过程调用）和 SOAP（最初的简单对象访问协议）作为 Web 服务 API。

1.2.3   YouTube

（1）类别和基础

YouTube［YouTube 2014］是由乍得·贺利（CHAD HURLEY）、陈士骏（STEVE CHEN）、贾德·卡林姆（JAWED KARIM）等人于 2005 年创办的视频分享服务（见图 1.3）。当他们在分享录制的晚宴视频时，遇到了困难，于是有了个想法，将 YouTube 作为简单的解决方案。

图 1.3 YouTube

（2）数量

- 每分钟上传 100 小时时长的电影
- 每月播放超过 60 亿小时时长的电影
- 每月有超过 10 亿用户访问

（3）数据结构

（与用户相关的）

- 账号

（与内容相关的）

- 视频
- 喜欢的

（与关系相关的）

- 频道

（4）主要的交互

- 创建和删除一个账号
- 配置文件的创建和更改
- 上传视频
- 编辑视频
- 给视频添加注释
- 播放视频
- 搜索和浏览视频
- 视频的星级测评
- 在视频中添加评论
- 在列表中注册频道
- 将视频添加到收藏夹

● 通过电子邮件和社交网络共享视频

（5）与类似媒体的比较

在这个类别里，日本的 Niconico（在日语中意为微笑）［Niconico 2014］和美国的 US-TREAM［USTREAM 2014］都是有特色的竞争对手。虽然 Niconico 提供的服务之一——Niconico Douga 与 YouTube 类似，但和 YouTube 不同的是，Niconico Douga 允许用户向电影中添加评论，这些评论可以叠加在电影上，然后被其他用户看到。如同影片内容一样，这些评论也吸引了很多用户。Niconico Live 是 Niconico 提供的另一项服务，它类似于 US-TREAM 的直播视频服务。USTREAM 设计的初衷，是为在伊拉克战争中服役的美国士兵与家人进行沟通。USTREAM 可以同时发布推文和视频观看，这使得它流行开来。USTREAM 和 Niconico Live 都可以被视为新一代的广播服务，它们比传统的主流服务更有针对性。

（6）应用程序界面

YouTube 为用户提供了一个库，使用户能够从编程环境（如 Java 和 PHP）调用其 Web 服务。

1.2.4　Facebook

（1）类别和基础

Facebook［Facebook 2014，Facebook – Wikipedia 2014］是由马克·扎克伯格（Mark Zuckerberg）和其他人在 2004 年创立的综合社交网络服务，用户以他们的真实姓名参与社交网络（见图 1.4）。Facebook 从一个旨在促进学生之间交流的网站开始，并从此成长为一个可能影响国家命运的网站。Facebook 通过向应用开发商开放其开发平台或向其提供补贴，成功地推动了 Facebook 应用的开发。此外，Facebook 发明了一种称为社交广告的机制。例如，通过 Facebook 的社交广告，推荐"您的朋友 F 购买产品 P"将出现在 F 朋友的页面上。Facebook 的社交广告，与亚马逊的基于客户行为的历史挖掘进行匿名推荐，有着明显的区别。

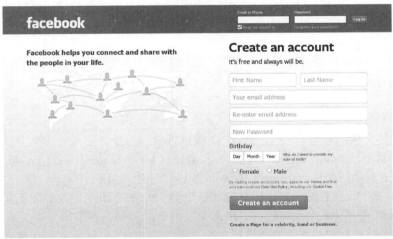

图 1.4　Facebook

（2）数量

- 活跃用户：1B

（3）数据结构

（与用户相关的）

- 账号
- 配置文件

（与内容相关的）

- 照片
- 视频

（与关系相关的）

- 好友列表
- 新闻提要
- 分组

（4）主要的交互

- 创建和删除一个账号
- 配置文件的创建和更改
- 搜索好友
- 将好友分类至不同列表中
- 关联查询
- 贡献（最近的状态、照片、视频和问题）
- 时间线显示
- 发送和接收消息

（5）与类似媒体的比较

除包括了 Flickr 或 YouTube 等的照片和视频服务之外，Facebook 还采用了时间轴功能，这是 Twitter 的基本功能。Facebook 整合了其他类别中最好的社交媒体，所以说，作为一个整体，它是更高级的混合社交网络。

（6）应用程序界面

FQL（Facebook 查询语言）作为 API，可以用于访问开放图表（即社交图表）。

1. 2. 5　维基百科

（1）类别和基础

维基百科［Wikipedia 2014］是一个在线百科全书服务，它是一个合作工作的结果，由吉米·威尔士（Jimmy Wales）和拉里·桑格（Larry Sanger）创立于 2001 年（见图 1.5）。维基百科的历史从 Nupedia［Nupedia 2014］开始，始于 2000 年，是之前的一个项目。Nupedia 基于无版权的内容，旨在建立一个类似的在线百科全书。与维基百科不同的是，Nupedia 采用了传统的编辑过程，根据专家的贡献和同行评审来发表文章。维基百科最初是由维基软件构建的，目的是增加文章，这和 2001 年时 Nupedia 的文章贡献类似。在维基百科的早期阶段，它通过网络口碑而赢得了声誉，并通过一个社交新闻网站 Slashdot［Slashdot 2014］吸引了很多网友的注意力。维基百科借助搜索引擎（如 Google）迅速扩大了其吸引力。

图 1.5　维基百科

（2）数量
- 文章数量：4M（英文版）
- 用户数量：超过 20M（英文版）

（3）数据结构

（与用户相关的）
- 账号

（与内容相关的）
- 页面

（与关系相关的）
- 链接

（4）主要的交互

（管理员或编辑）
- 创建、更新和删除文章
- 创建、更新和删除文章的链接
- 变更管理（修订历史，差异）
- 搜索
- 用户管理

（一般用户）
- 浏览网站中的页面
- 搜索网站中的网页

（5）与类似媒体的比较

从协作平台的角度来看，维基百科应该与其他多媒体或云服务（如 ZOHO［ZOHO 2014］）进行比较。然而，从另一个角度，即将"知识的搜索"作为维基百科的最终目的来看，社交搜索服务将是维基百科的竞争对手，我们应该注意到，主要的搜索引擎（如 Google［Google 2014］和 Bing［Bing 2014］）和维基百科之间的差别在缩小。通常情况下，这些常规搜索引擎会对搜索结果进行机械地排名，并将其显示给用户。然而，通过允许用户以某些形式在搜索过程之间进行干预，当前的搜索引擎将会改进搜索结果的质量。一些搜索引擎包括了通过在社交媒体中的朋友搜索结果链接的相关页面。为了得到查询的答案，其他搜索引擎发现，借助于个人资料、上传的照片和博客文章有可能找到解决相关问题的社交媒体中的朋友和网络上的专家。

（6）应用程序界面

在维基百科中，Media Wiki［Media Wiki 2014］的 REST API 可以用于访问 Web 服务。

1.2.6　通用网络

（1）类别和基础

当蒂姆·伯纳斯－李（Tim Berners－Lee）作为研究员加入欧洲核子研究中心时，他提出了以网络作为全球信息共享机制的原型，并在 1990 年创立了第一个网页。第二年，WWW 项目的概要发布，同时启动了它的服务。自网络诞生以来，从某种意义上说，我们感兴趣的是整个网络，因为它包含了所有类别的社交媒体。

（2）数量
- 可索引 Web 的大小：超过 11.5B［Gulli et al. 2005］

（3）数据结构

（与用户相关的）
- 不适用

（与内容相关的）
- 页面

（与关系相关的）
- 链接

（4）主要业务

（管理员）
- 创建、更新和删除页面
- 创建、更新和删除链接

（一般用户）
- 在网站中浏览页面
- 在网站中搜索页面
- 表单输入

（5）与类似媒体的比较

由于网络是一个包含所有类别的通用集合，因此我们不能把它与其他类别进行比较。一般来说，网络可以分为表面网络和深层网络。表面网络的网站只允许用户点击链接和浏览页面，而对于那些拥有后端数据库的深层网络来说，则可以基于用户通过搜索表单和数据库查询的结果，动态地创建页面并将它们显示给用户。此外，深层网络的站点正在迅速增加［He et al. 2007］。深层网络的类别包括由亚马逊提供的网上购物服务，以及本书中所描述的各种各样的社交媒体。

（6）应用程序界面

由诸如 Yahoo 的搜索引擎所提供的 Web 服务应用程序界面，我们可以方便地搜索到网页。除非我们使用这样的 API，否则需要自己进行繁琐的 Web 抓取。

1.2.7 其他社交媒体

尚未讨论的社交媒体类别将在下面列举。

• 共享服务：除了之前描述的照片和视频外，音频（如 Rhapsody ［Rhapsody 2014］和 iTunes ［iTunes 2014］）和书签（如 Delicious ［Delicious 2014］和面向日本用户的 Hatena 书签 ［Hatena 2014］）也都可以由用户共享。

• 视频通信：用户可以通过直播视频进行通信。Skype ［Skype 2014］和 Tango ［Tango 2014］都包含在此类别中。

• 社交新闻：用户可以发布原创新闻，或者通过向现有新闻添加评论来重新发布。此类别的代表性媒体包括除了 Slashdot 之外的 Digg ［Digg 2014］和 Reddit ［Reddit 2014］。

• 社交游戏：一组用户可以玩的网络游戏。这类服务中的游戏包括 Farm Ville ［Farm Ville 2014］和 Maifia Wars ［Maifia Wars 2014］。

• 人力外包：这类服务允许个人或企业用户将整个或部分工作外包给在线社区的人群。在此类别中，所提供的服务包括亚马逊的 Mechanical Turk ［Amazon Mechanical Turk 2014］为请求劳动密集型工作，InnoCentive ［InnoCentive 2014］为请求研发型工作。

参 考 文 献

[Amazon Mechanical Turk 2014] Amazon Mechanical Turk: Artificial Intelligence https://www.mturk.com/mturk/welcome accessed 2014

[Bing 2014] Bing http://www.bing.com accessed 2014

[Blogger 2014] Blogger https://www.blogger.com accessed 2014

[Delicious 2014] Delicious http://delicious.com accessed 2014

[Digg 2014] Digg http://digg.com accessed 2014

[Facebook 2014] Facebook https://www.facebook.com/accessed 2014

[Facebook–Wikipedia 2014] Facebook–Wikipedia http://en.wikipedia.org/wiki/Facebook accessed 2014

[FarmVille 2014] FarmVille http://company.zynga.com/games/farmville accessed 2014

[Flickr 2014] Flickr https://www.flickr.com accessed 2014

[Flickr–Wikipedia 2014] Flickr–Wikipedia http://en.wikipedia.org/wiki/Flickr accessed 2014

[Google 2014] Google https://www.google.com accessed 2014

[Gulli et al. 2005] A. Gulli and A. Signorini: The indexable web is more than 11.5 billion pages. In Special interest tracks and posters of the 14th international conference on World Wide Web (WWW '05). ACM 902–903 (2005).

[Hatena 2014] Hatena http://www.hatena.ne.jp/accessed 2014

[He et al. 2007] Bin He, Mitesh Patel, Zhen Zhang and Kevin Chen-Chuan Chang: Accessing the deep web, Communications of the ACM 50(5): 94–101 (2007).

[InnoCentive 2014] InnoCentive http://www.innocentive.com accessed 2014

[Instagram 2014] Instagram http://instagram.com/accessed 2014

[iTunes 2014] iTunes https://www.apple.com/itunes/accessed 2014

[Mafia Wars 2014] Mafia Wars http://www.mafiawars.com/accessed 2014

[MediaWiki 2014] MediaWiki http://www.mediawiki.org/wiki/MediaWiki accessed 2014

[Niconico 2014] Niconico http://www.nicovideo.jp/?header accessed 2014
[Nupedia 2014] Nupedia http://en.wikipedia.org/wiki/Nupedia accessed 2014
[Picasa 2014] Picasa https://www.picasa.google.com accessed 2014
[Photobucket 2014] Photobucket http://photobucket.com/accessed 2014
[Pinterest 2014] Pinterest https://www.pinterest.com/accessed 2014
[Reddit 2014] Reddit http://www.reddit.com accessed 2014
[Rhapsody 2014] Rhapsody http://try.rhapsody.com/accessed 2014
[Skype 2014] Skype http://skype.com accessed 2014
[Slashdot 2014] Slashdot http://www.slashdot.org accessed 2014
[Tango 2014] Tango http://www.tango.me accessed 2014
[Twitter 2014] Twitter https://twitter.com accessed 2014
[Twitter-Wikipedia 2014] Twitter-Wikipedia http://en.wikipedia.org/wiki/Twitter accessed 2014
[USTREAM 2014] USTREAM http://www.ustrea.tv accessed 2014
[Wikipedia 2014] Wikipedia https://wikipedia.org accessed 2014
[WordPress 2014] WordPress https://wordpress.com accessed 2014
[YouTube 2014] YouTube http://www.youtube.com accessed 2014
[YouTube–Wikipedia 2014] YouTube–Wikipedia http://en.wikipedia.org/wiki/YouTube
    accessed 2014
[ZOHO 2014] ZOHO https://www.zoho.com/accessed 2014

第 2 章　大数据和社交数据

当前，现代社会的各行各业不断产生大量的数据，这样的海量数据被称为大数据。大数据的数据来源既包括物理和真实世界的，也包括社交媒体的。如果我们对这两种数据以相互关联的方式进行分析，将会发现仅通过独立分析所无法获得的价值，而且可在从商业到科学的各种应用中利用这些价值。在本章中，我们将会对涉及物理真实世界和社交媒体的相互作用进行建模和分析，并说明所使用的相关技术。在第二部分，将介绍并分析所需要的数据挖掘技术。

2.1　大数据

当今时代，在诸如科学、互联网和物理系统的各个领域中每时每刻都会产生大量的数据。这种现象统称为数据洪流 [Mcfedries 2011]。根据 IDC 进行的研究 [IDC 2008，IDC 2012]，每年在世界上生成和再现的数据的大小估计为 161 EB（见图 2.1）。此处的 K、M、G、T、P、E、Z 是依次增加 10^3 倍的数量级词头。E 和 Z 分别表示 10^{18} 和 10^{21}。预计 2011 年产生的数据总量将会超过该年可用存储介质的存储容量的 10 倍或更多倍。

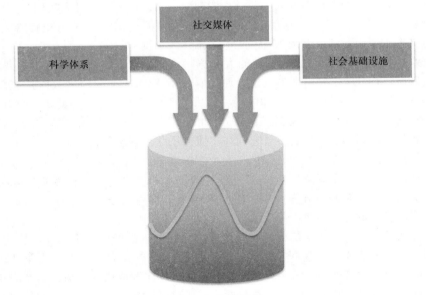

图 2.1　海量数据

天文学、环境科学、粒子物理学、生命科学和医学是通过观察和分析目标的现象产生大量数据的科学领域。射电望远镜、人造卫星、粒子加速器、DNA 测序、核磁共振成像不断为科学家们提供了大量的数据。

如今，即使是普通人，更不要说专家，也会通过互联网服务直接或有意地产生大量的数据。这些互联网服务包括数字图书馆、新闻、网络、原始媒体和社交媒体。Twitter、Flickr、Facebook 和 YouTube 是近年来发展迅速的社交媒体的代表。此外，一些新闻网站（如 Slashdot）和一些维基（如维基百科）也可以看作是社交媒体的其他类别。

另一方面，来自电力设备、燃气设备、数字照相机、监控摄像头和建筑物内部的传感器（例如被动红外、温度、照明度、湿度和二氧化碳传感器），以及来源于运输系统的数据（例如运输工具和物流），都是人们在物理系统中所间接和无意识地产生的数据。到目前为止，可以说，作为人类的数据排放［Zikopoulos et al. 2011］，恰恰考虑了由物理系统产生的这种数据。然而，现在人们认为可以重新利用这样的数据，并且从中产生商业价值。

在上述 IDC 研究的报告中，在科学、互联网和物理系统中产生的数据统称为大数据。大数据的特点可以总结如下：

- 数据量（Volume）是非常大的，如大数据这个词的名称所示。
- 数据的种类（Variety）已经扩展到非结构化文本、半结构化数据（例如 XML）和图形（即网络）。
- 如同 Twitter 和传感器数据流中的情况一样，生成数据的速度（Velocity）非常快。

因此，大数据通常用 Volume、Variety 和 Velocity 这三个单词的首字母来表征为 V^3。人们期待大数据不仅在科学界能创造知识，而且能够为各种企业创建价值。

提到种类，笔者认为，大数据出现在各种各样的应用中。大数据本质上包含"模糊性"（Vagueness），如不一致性和缺失。为了获得高质量的分析结果，这样的模糊性必须得到解决。此外，最近在日本做的一项调查清楚地表明，很多用户对大数据应用能否的安全和机制有"模糊"的担忧。这些问题的解决是大数据应用能否成功开展的关键之一。从这个意义上来说，我们应该用 V^4 而非 V^3 来描述大数据的特点。

社交媒体数据是一种满足 V^4 特征的大数据。首先，社交媒体的规模非常大，如第 1 章所述。其次，Tweets 主要由文本组成，原始媒体由 XML（半结构化数据）组成，Facebook 文章除了文本之外还包含照片和电影。最后，社交媒体的用户（例如 Twitter 和 Facebook）之间的关系构成了大规模图（网络）。此外，Tweets 的产生速度非常快。社交数据也可以与各种大数据结合使用，尽管它们在本质上还存在着矛盾和不足。由于社交数据中包含个人信息，因此，充分的隐私保护和安全管理是强制性的。

用于从大量数据中发现感兴趣模式（值）的技术和工具包括数据挖掘，如关联规则挖掘、聚类和分类。而另一方面，主要用于预测未来事件的技术，使用的则是过去的数据，包括诸如多变量分析的数据分析。

当然，从现在开始，数据挖掘和数据分析必须越来越频繁地被用来处理这些大数据。因此，即使数据量增加了，数据挖掘算法的执行仍然需要由系统在实际处理时间内来实现。如果随着数据量的增加，一个算法的处理时间也成比例地相应增加，则算法和处理时间之间是线性关系。换句话说，线性意味着，即使数据量增加，也可以通过某种方法将处理时间保持在可行的范围内。如果通过特定的方法，一个算法或其实现可以保持这种线性，则称算法或其实现具有可伸缩性。对于数据挖掘和数据分析而言，如何实现可伸缩性是一个紧迫的问题。

可伸缩性的实现方法大致可以分为以下几种：纵向扩展和横向扩展。前者提高了计算资源之中当前计算机的处理能力（即 CPU）。另一方面，后者保持当前每个计算机的能力，并多路复用计算机。在互联网上提供大规模服务的互联网巨头（如亚马逊和谷歌），通常采取横向扩展的方法。

接下来，关于处理大规模数据的性能，除了可伸缩性之外还存在另一个高维度的问题。在许多情况下，数据挖掘和数据分析的目标数据可以被视为由大量属性或大量维度的向量组成的对象。例如，由于应用的不同（如稍后所述），属性的数量和向量的维度可能会非常大，诸如文档的特征向量。随着维度数量的增加而发生的问题统称为维度灾难。例如，当对于每个维度以固定比率收集采样数据时，存在随着数据维数的增加，采样的大小指数性地增加的问题。对于这种情况，有必要对数据挖掘和数据分析进行适当处理。

数据挖掘和数据分析必须考虑的问题不仅仅局限于数据量和数据维度的增加。所要处理的数据结构的复杂性也会随着应用领域的扩展而产生新的问题。尽管传统的数据分析和数据挖掘主要针对的是商业交易中的结构化数据，但是随着互联网和 Web 的发展，处理图形和半结构化数据的机会也在增加。此外，传感器网络可以产生基本的时间序列数据，而全球定位系统（Global Positioning System，GPS）的设备则可以向数据中添加位置信息。非结构化多媒体数据，如照片、视频和音频，也已成为数据挖掘的目标。此外，在以分布式方式管理数据挖掘和数据分析的目标数据的情况下，除了复杂数据结构的问题之外，还可能会发生诸如通信成本、数据集成和安全等问题。

请注意数据洪流这个词只是一种现象的名称。在本书中，"大数据"这个词将用于大规模数据这一更为普遍的概念，以及如何分析和利用，而不仅仅是现象的名称。更确切地说，本书将引入一个新兴的学科，它被称为社交大数据科学，并描述其概念、技术和应用。

2.2　物理真实世界与社交媒体的交互

基于大数据的起源，它们大致可以被分为物理真实世界数据（即异构数据，如科学数据、事件数据和交通数据）和社交数据（即社交媒体数据，如 Twitter 文章和 Flickr 照片）。

大多数物理真实世界数据是由将自己的行为日志留在信息系统中的客户所生成的。例如，关于客户签入和签出的数据，是通过将他们的 IC 卡插入到运输管理系统中的数据库中而生成的。关于客户使用设施的数据也存储在设施管理数据库中。此外，客户行为还被记录为传感器数据和视频数据。换句话说，现实世界的物理数据大多只包含潜在或隐含的语义，因为客户不知道他们的数据已经被收集。

另一方面，客户有意识地将他们在物理真实世界中的行为记录为社交数据。例如，他们发布照片和视频，在事件或旅行中做记录，分享服务，以及发布有关事件或旅行的各种信息（如行为和情绪）到微博上。简而言之，与物理真实世界数据不同，社交数据包含明确的语义，因为客户自愿创建了这些数据。

此外，正是通过用户才实现了物理真实世界数据和社交数据之间的双向交互（见图2.2）。也就是说，如果关注这种交互的一个方向，将会观察到产生物理真实世界数据的事件能够影响到用户，并使他们在社交数据中描述该事件。此外，如果关注这种交互的相反方向，则会发现社交数据的内容可能会影响其他用户的行为（例如消费者行为），而这又反过来产生新的物理真实世界数据。

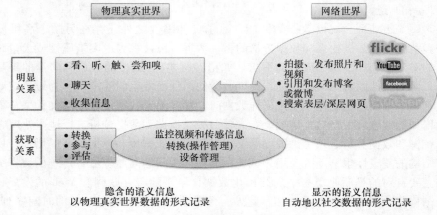

图 2.2　物理真实世界数据和社交数据

如果能够以集成方式分析这些交互，则可以将结果应用于包括商业和科学的广泛领域。也就是说，例如，如果留意分析从物理真实世界数据到社交数据方向的交互，则以下目的可以实现。

- 评估新产品促销等市场营销的有效性
- 发现产品销售突然增加的原因
- 意识到需要对产品或服务的问题采取对策

此外，如果对所关注的交互的反方向进行分析，则以下结果可能预测。

- 客户未来的行为
- 潜在的客户需求

所有上述交互与包含物理真实世界数据和社交数据之间的直接或间接因果关系的应用相关联。另一方面，即使在两种数据之间不存在真正相关的因果关系，一些相互作用的分析仍然是有用的。

例如，考虑一种人们去听流行歌手演唱会的情况。音乐会结束后，人们冲到最近的火车站导致车站和列车越来越拥挤，在日本，通常情况下公共交通比自驾车更受欢迎。借助 IC 卡，这种情况便可以作为交通数据被记录下来，这是在交通领域中的一种物理真实世界数据。如果演唱会给人们留下了深刻的印象，那么他们还会发布很多文章到社交媒体（见图 2.3）。

从事交通运营的人想知道交通数据突然增加（即突发）的原因。然而，仅通过分析交通数据就能知道原因不大可能。如前所述，物理真实世界数据通常不包含显式语义。另一方面，如果可以分析出演唱会之后发布在火车站附近的社交数据，则可以检测到在社交媒体中发布的文章突然增加（即另一个突发），然后从收集到的这些文章中，可以提取关于演唱会的信息来作为主要兴趣。结果，他们将能够推测参加演唱会的人们造成了交通数据的爆发。与这种情况类似，在物理真实世界数据中潜伏的一些显式语义也可以从相关的社交数据中被发现。

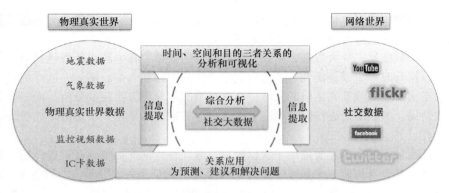

图 2.3　物理真实世界数据和社交数据的综合分析

当然，在上述情况下，在两种大数据之间不存在因果关系（即真相关）。总而言之，参加演唱会导致异构数据（即交通数据和社交数据）的同时增加是常见原因。因此，在两种数据之间存在伪相关。在此情况下，即使真正的原因（例如参加演唱会）不可用，如果积极利用这种伪相关，也可以发现另一种对应的数据。这样的发现使得运营管理者能够针对以后类似的事件（例如以后的演唱会）采取适当的措施（例如，将人们分散到不同的车站）。

当然，相互作用只能存在于物理真实世界或仅在社交数据中。前者包含的数据是常规数据分析的目标，如自然现象的因果关系。后者包含经常被认为只有在社交媒体中才会讨论的热议话题。

事实上，这种情况下的分析也有一些价值。然而，从涉及使用社交数据的企业的有用性的观点来看，涉及物理真实世界数据和社交数据的情况更有趣。如果可以通过将物理真实世界数据和社交数据相互关联，并注意从两者之间的交互进行分析，则可以理解出仅从它们中的任一个来分析所不能被理解的东西。例如，即使仅深入分析销售数据，也不能知道销售突然增加（即客户突然购买更多产品）的原因。仅通过分析社交数据，也不可能知道他们对销售的贡献有多少。然而，如果可以通过将销售数据和社交数据相互关联来分析，则可以基于结果，发现为什么货品突然开始销售，并且预测它们将销售多少。总之，这样的综合分析预期将产生更大的价值。

请注意，本书中经常使用术语 – 社交大数据。其目的是强调异构数据源，包括以社交数据和物理真实世界数据作为分析的主要目标。

2.3　集成框架

在本节中，从假设的角度，我们讨论了分析社交大数据的综合框架的必要性，这超越了基于单纯使用数据分析或数据挖掘的传统方法。为了能够以社交数据作为中介来定量地理解物理真实世界数据，我们需要诸如多变量分析的定量数据分析。在多变量分析中，首先，提前进行假设，然后进行定量确认。换句话说，假设在多变量分析中起着核心作用。通常，大多数假设模型提供了用于定量分析的方法。

即使在大数据时代，假设的重要性也不会改变。然而，大数据中的变量数量可能会变得巨大。在这种情况下，很难把握住分析出的全貌。换句话说，维度灾难的问题也发生在概念层上。这个问题必须通过假设建模来解决。

由于社交数据是一种大数据，因此，社交数据的数量和其中的主题数量是巨大的。然而，社交数据有时很少或是定性的，这取决于个体的主题和内容。例如，这样的数据可能对应于关于次要主题或新兴主题的文章。在这种情况下，不需要定量分析，而需要定性分析。也就是说，虽然不能进行假设的定量确认，但是重要的是建立和使用定性假设来解释现象。

分析社交数据的内容主要借助于数据挖掘。假设在数据挖掘中也有重要作用。数据挖掘的每个任务都自身构建一个假设，而每个多元分析的任务则是去验证一个给定的假设。因此，我们所期望的是，用户（即分析者）是否可以给出有用的提示，以便在数据挖掘系统的每个任务中构建有兴趣的假设。

在分类的情况下，必须允许用户通过选择感兴趣的数据属性（即变量），或者使用可以反馈到集合学习以获得最终结果的经验规则，来部分地指导假设的构造。而在聚类的情况下，则需要使用户能够通过指定必须属于相同聚类的个别数据，或者作为同一聚类的成员（数据必须满足的通用约束），来部分地引导假设的构造。还期望用户能够列举出用于聚类算法的参数、对整个聚类的约束，以及数据的相似性的定义，以便获得对用户所感兴趣的聚类结果。在关联规则挖掘的情况下，有必要猜测用户所感兴趣的项目，并且需要来自用户所示的具体规则的最小支持和置信度作为经验知识。用户列举的上述提示可以说是早期假设，因为它们有助于在后面的数据挖掘阶段产生假设。

在本书中，我们将物理真实世界数据和社交数据相互关联进行分析，这被称为社交大数据科学或社交大数据。据笔者所知，目前还没有建模框架能够允许最终用户或分析师来描述跨越数据挖掘、定量分析和定性分析的假设。换句话说，需要对概念假设进行建模，使得用户能够在概念层以综合的方式来描述社交大数据的假设，并且如果需要，还可以在逻辑层通过现有的技术（如多变量分析和数据挖掘）将其解释并执行。

顺便说一下，通常为了挖掘而存储目标数据的数据库管理系统是由概念层、逻辑层和物理层这三层组成的。社交大数据科学的综合系统的参考架构遵循数据库管理系统的三层架构，如图 2.4 所示。在概念层，系统允许用户（即分析者）描述与社交大数据相关的综

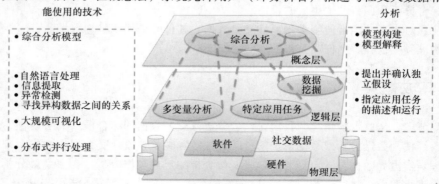

图 2.4   社交大数据的参考架构

合假设。在逻辑层，系统转换在概念层所定义的假设，以便用户通过应用诸如数据挖掘和多变量分析的单个技术来实际确认它们。在物理层，系统通过并行分布式处理的软件和硬件框架来有效地执行进一步的分析。

　　在这里，我们引入一个概念框架，来模拟物理真实世界的数据和社交数据之间的相互作用。引进的框架称为物理真实世界和社交媒体之间相互作用的模型（Modeling interactions between Physical real world and Social media，MiPS）。虽然 MiPS 模型尚未真正实施，但在本书中，它将被用作描述综合假设具体例子的一个形式体系。

2.4　交互的建模和分析

　　在本节中，我们将说明物理真实世界和社交媒体之间交互的建模和分析过程。

　　通常，该过程逐步执行如下（见图 2.5）：

- （步骤一）设置问题
- （步骤二）物理真实世界和社交媒体之间交互的建模（构造假设）
- （步骤三）收集数据

i. 从物理真实世界的数据中提取信息

ii. 从社交数据中提取信息

- （步骤四）物理真实世界对社交媒体的影响分析（假设确认 1）
- （步骤五）社交媒体对物理真实世界的影响分析（假设确认 2）
- （步骤六）通过整合步骤四和步骤五中所描述的影响的双向分析，以完成整个模型（理论）来解释交互。

① 设置问题
② 物理真实世界和社交媒体之间交互的建模(构造假设)
③ 收集数据
　　Ⅰ.从物理真实世界的数据中提取信息
　　Ⅱ.从社交数据中提取信息
④ 物理真实世界对社交媒体的影响分析(假设确认1)
⑤ 社交媒体对物理真实世界的影响分析(假设确认2)
⑥ 通过整合步骤四和五中所描述的影响的双向分析、以完成整个模型(理论)来解释交互

图 2.5　分析过程

　　如果需要，可以有从每个步骤到前面步骤的反馈。一些应用领域仅需要上述过程中的步骤四和步骤五中的任一个。此外，这些步骤的顺序也可以根据应用领域来确定。下面将更详细地描述该过程中的每个步骤。

　　（1）问题设置

　　在步骤一中，用户设置要解决的问题。这样的问题往往可以以询问的形式来表述。换句话说，在这个阶段，用户可以描述某特定时间在特定区域感兴趣的现象，以便于解释它。基本类型的询问各不相同，取决于如下分析目的：

- 发现原因（为什么会发生?）

- 预测效果（会发生什么？）
- 发现关系（它们是如何相互关联的？）
- 将数据分类为已知类别（它属于哪个类别？）
- 将相似数据分组（它们彼此有什么相似之处？）
- 发现异常（多久才会发生一次？）

在某种意义上，这些问题帮助用户大致确定后续应该执行哪些类型的分析任务，关注问题的意图是非常重要的。进一步，为了解决这个问题，用户明确地定义了要求使用什么数据，应用什么样的分析技术，假设采用什么标准。

（2）假设构造

在步骤二中，用户构造一个假设来作为问题的试验性解决方案。为此，本书提出了一个框架，重点关注社交数据和物理真实世界数据之间的关系，并以面向对象的方式对它们进行概念建模。请注意，如果有必要的话，可以对异构物理真实世界数据之间的关系进行建模。事实上，有一些方法支持多变量分析中相关变量的图形化分析。然而，它们可以说是具有价值导向，即细粒度的。相比之下，本书中提出的假设建模则是基于更粗粒度方式的对象之间的关系。如产品活动和地震之类的物理事件以及推文的内容，如产品评估和地震反馈，被认为是一类对象，称为大对象。在提出的模型中，固有相关的变量被分组成一个大对象，并被表示为大对象的属性。例如，在地震的情况下，将地震的震中和震级作为目标值，或感测到地震的地方的主观强度，以及发生或感觉到地震的日期和时间，这些都可以被认为是大对象地震的属性，而在营销活动的情况下，产品的名称和声誉以及活动的类型和成本则被视为大对象活动的属性。两个大对象（不是变量）之间的影响关系被共同描述为对象的变量（属性）之间的一个或多个因果关系。一旦构建了这些模型，在上述过程的其余部分中，用户能够基于以大对象和它们之间的关系所描绘的全景来分析主题。

结构方程模型（Structural Equation Modeling，SEM）是引入潜在因素来描述变量之间因果关系的多变量分析技术之一。可以将由 SEM 识别的潜在因素对应于所提出的框架中的候选大对象。然而，本书提出的分析模型与现有的分析技术是独立的。换句话说，该提法是概念分析的框架，可以与逻辑和操作分析技术（如多变量分析和数据挖掘）共存。简而言之，在框架中构建的概念分析模型将被转换为逻辑分析模型，以供实际分析方法执行。

在数据挖掘的分类任务中，影响关系被描述为从具有分类属性的大对象到具有类别属性的另一大对象的有向关系。这样的两个大对象在特殊情况下可以是相同的。在聚类任务中，影响关系被描述为来自同一对象的一个大对象的自循环效应。类似地，在关联规则挖掘中，影响关系被描述为从一个大对象到自身的自循环效应。

本书提出的模型将用作如下的元分析模型。在对随后的步骤四和步骤五中所发生的相互作用进行详细分析之前，在该阶段，分析者（即专家用户）实例化该元分析模型，并通过综合使用应用领域大对象之间的影响关系的实例，来构造特定的假设。不言而喻，除了所需的规范和设置的问题之外，还应使用先前的理论和先验观察来构造假设。

（3）数据采集

在步骤三中，采集在前一步骤的假设构造中所需分析和确认的社交大数据。社交数据通过搜索或流式传输，通过相关站点提供的 API 收集，并存储在专用数据库或存储库中。由于物理真实世界数据通常被预先收集并存储在单独的数据库中，因此要从数据库中选择必要的数据。数据在经过适当的清理和可选择的转换之后，被导入专用数据库以供分析。

ⅰ. 对物理真实世界数据执行信息提取。例如，通过使用诸如异常值检测和突发检测的技术，从数据中发现作为用户（即分析者）的兴趣的显著事件。

ⅱ. 类似地，对社交数据执行信息提取。例如，通过对自然语言内容应用文本挖掘技术，并通过对照片应用基于密度的聚类来检测拍摄角度，从数据中发现用户（即顾客）的兴趣。

（4）假设验证

在步骤四和步骤五中，对收集的数据应用特定的分析方法（例如，多变量分析和数据挖掘），以便发现它们之间的因果关系和相关性。因此，验证了主要的假设。如果需要的话，分析人员还可以根据结果来修改假设（即大对象之间的影响关系）。不言而喻，这两个步骤不是以单独的方式而是以集成的方式执行的。此外，如果有的话，验证涉及异构物理真实世界数据的假设。

在步骤六中，完成在先前步骤中构造的假设，以便可用于交互的最终描述。换句话说，此时完成的假设被升级到应用域中的某些理论。对假设的描述还需要适合大数据应用的大规模可视化技术，大规模可视化也可以用于获得构建假设本身的提示。

总之，对于大数据时代的假设，后面将更详细地进行讨论。

2.5 元分析模型——概念层

整个分析过程中需要的元分析模型将在这里进行详细描述。在用于社交大数据分析的集成框架中，对应于特定应用的类的元分析模型被实例化，并且该实例化模型被用在最接近用户的概念层的特定应用的假设模型中。虽然社交媒体不限于 Twitter，但我们还是会主要以 Twitter 来作为整本书中的工作实例。

2.5.1 面向对象的集成分析模型

在本书中，我们将介绍用于描述和分析大数据应用的集成框架。与多变量分析不同的是，在框架核心的集成模型中，其目的不是微观假设的确认，而是宏观假设的建构和分析，以及社交大数据应用的高层级描述和解释。实例化的模型在下文中称为模型。

模型的一个基本组件是一个大对象，它描述了相关的大数据源和任务（见图 2.6）。这样的任务包括构建与大数据源（如数据挖掘）相关的个体假设，个体假设的验证（例如多变量分析），从自然语言数据的信息提取，数据监视或感测，以及其他特定应用逻辑（程序）。作为模型的另一个组成部分，则是描述大数据对象之间的影响关系。它们表示因果关系、相关性和伪相关性，还可以附加任务以影响关系。这些任务负责匹配异构大数据源并检测它们之间的各种关系。

此模型的特征总结归纳如下：
- 通过使用大对象和它们之间的影响关系，以高级方式描述社交大数据应用。
- 描述大数据源和任务的大对象。

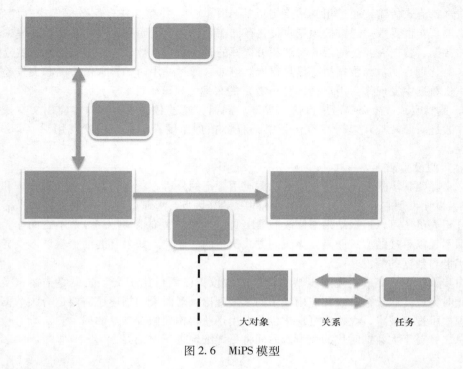

大对象　　　　关系　　　　任务

图 2.6　MiPS 模型

- 指定一组存在固有相关关系大数据的大数据源。
- 任务以高级方式指定大数据源的操作，并通过特定的分析工具或数据挖掘库来细化执行。
- 用影响关系描述伪相关和定性的因果关系，以及在高级方式中的相关和定量的因果关系。
- 发现影响关系的任务被附加到关系中。这种情况涉及至少两个大数据源。这些任务也被细化以便执行。
- 完成的模型解释了整个大数据应用，并有助于减少用户对大数据利用关注的模糊性。

　　如上所述，大对象、属性和关系构成了用于描述假设的元素。在步骤二中，社交数据和物理真实世界数据都被认为是大对象。所有固有相关的变量被定义为相同大对象属性。例如，从物理真实世界数据到社交数据的影响关系，被表示为涉及相应大对象的属性的一个或多个方程。这样的方程通常表示为大对象属性之间映射的线性函数。如果内部变量（即相同大对象的属性）之间存在关系，则这样的关系也可以被表示为涉及属性的等式。如果存在影响关系的先决条件，则这种先决条件可以由关于变量的逻辑表达式表示。公式和可选的逻辑表达式构成关系。总之，分析人员将具体的影响描述为大对象的属性之间的关系。请注意，关系通常被描述为依赖于域的计算逻辑。

　　在分析人员希望使用 SEM（结构方程模型）作为多变量分析的特定技术的情况下，我们直观地描述在此处介绍的元分析模型和 SEM 之间的映射。考虑下面的例子，即多指标模型。

$X_1 = \lambda_{12}F_1 + e_1$：测量方程

$X_2 = \lambda_{21}F_1 + e_2$

$X_3 = \lambda_{32}F_2 + e_3$

$X_4 = \lambda_{42}F_2 + e_4$

$F_2 = \lambda_{12}F_1 + d_2$：结构方程

让大对象及其属性对应于 SEM 中的潜在因素，例如 F_1 和 F_2，以及与潜在因素相关联的可观察变量，例如 X_1 和 X_2。大对象可以具有表示它们自己值的"特殊属性"，在这种情况下，假定从这些特殊属性（即潜在变量）的值计算正常属性（即观察变量）的值，它们可以共同表示为一组测量方程，对象之间的影响关系由对象的特殊属性（其对应于潜在因素）之间的一组结构方程表示。

现在让我们考虑一个更简单的模型，即多重回归分析（包括线性回归分析），它比 SEM 分析更为普遍。在这种情况下，让独立变量和因变量对应于大对象的属性，类似于 SEM。让我们考虑下面的模型。

$$X_3 = \gamma_{31}X_1 + \gamma_{32}X_2 + e_3$$

式中，γ_{31} 和 γ_{32} 表示路径系数；e_3 表示误差。

这里我们给出一些关于变量的注释。对应于影响变量（如 X_3）的属性可由对应于原因变量（如 X_1 和 X_2）的属性表达式来描述。在多元回归分析的情况下，没必要准备上述 SEM 中为大对象所引入的特殊属性。如果认识到两个变量属于物理真实世界中的不同实体，即使不存在其他变量，它们也将被表示为单独的大对象的属性。

在数据挖掘的分类任务中，影响关系被描述为从具有分类属性的一个大对象到具有分类属性的另一个大对象。当然，这些对象在特殊情况下可以是相同的。期望用户能够在任务之前说明经验分类规则和感兴趣的特定属性，以便系统考虑它们。

在聚类的情况下，该关系被描述为从目标大对象到大对象本身的自循环。由于聚类的结果是分区子集的和，因此该关系被表示为"＋"。在这种情况下，期待用户（即分析师）可以说明个体对象的组合必须属于同一集群，以及通过枚举特定对象或对象之间的约束，个体对象的组合必须属于特定的集群。

在关联规则的挖掘中，关系也以类似的方式，被描述为从一个大对象到本身的自循环。在这种情况下，由于关联规则挖掘等价于发现一组条目 S 的幂集的元素，所以大对象之间的关系可由 2^S 表示。在这种情况下，类似于其他任务的情况，期望用户不仅给出感兴趣的条目作为例子，而且还能够阐明经验关联规则。然后，系统将能够从描述的规则中猜测兴趣的最小支持和置信度。

我们的综合分析模型和数据分析，如 SEM 之间的关系将被描述。集成模型的某些部分（即大对象和连同附加的任务的影响关系）可以被系统地转换成数据分析工具（如 SEM），并可以在逻辑层进行分析。然而，大对象也可以包含数据挖掘工具应该分析什么，或者和定性分析方法一样的与应用相关的逻辑。换句话说，集成分析模型不能被立即构造和验证。综合假设应该尽可能多地以自上而下的方式被构建，然后在逻辑层中通过适当的工具进行转换和验证。因此，集成分析模型应作为一个整体进行验证和完成。

2.5.2　原始案例

作为用于描述和验证假设的元分析模型，可以考虑两个或更多个原始情况，如图 2.7 所示。

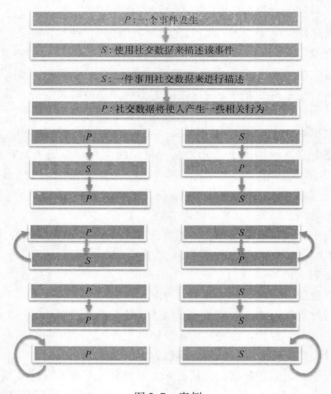

图 2.7　案例

物理真实世界数据（P）和社交数据（S）是大对象。由于 P 和 S 是类，因此在这里用大写字母表示。此外，"$->$"表示影响关系。

- $P->S$：如果在物理真实世界中发生具有某种影响的事件，则在社交媒体中进行描述。
- $S->P$：在社交媒体中进行的描述会对物理真实世界中的人类行为产生什么影响？
- $P->S->P$ 或者 $S->P->S$：有或没有循环的情况下。
- $P->P$：有或没有循环的情况下。
- $S->S$：有或没有循环的情况下。

假设实际上是通过实例化类 P 和 S 并组合实例来创建的。尽管框架可以描述足够一般的情况，但从本书中的业务应用的角度来看，包括特别是类 S 和 P 的实例的假设是有趣的。这里的影响关系不仅仅是因果关系，而是其扩展的概念。换句话说，虽然因果关系适合于数据变量之间关系的微观分析，但影响关系适合于大对象之间关系的宏观分析。

2.6 假设的生成和验证——逻辑层

在框架的概念层中所描述的综合假设被转换成逻辑层的假设，并通过数据分析和数据挖掘的工具来执行假设的生成和验证。本节我们将简要解释多变量分析和数据挖掘。

2.6.1 多变量分析

在概念层描述的假设中，对应于多变量分析中的微观假设的部分，被转换成可以通过特定数据分析工具分析的部分。预测作为多变量分析的主要功能之一，将在后面单独解释。

2.6.2 数据挖掘

在概念层所描述的假设中，应该被映射到数据挖掘的每个任务中的假设的部分，被转换成用于具体挖掘工具的部分以生成和验证它们。一些数据挖掘的基本算法将在后面单独详细解释。

此外，数据挖掘利用的是用户（即数据分析者）为数据挖掘中的每个任务指定的、以表明他们兴趣的示例，以便生成感兴趣的假设。

更具体地，由用户为分类任务指定的属性，可以用于创建包含它们的分类器。此外，指定的分类规则可以用于数据挖掘中的集成学习。作为结果，创建了反映用户（即分析者）兴趣的假设。如果用户描述了任何实例对象的特定组合或同一集群内对象的特定约束，则在执行聚类任务时应考虑这样的规范，并且因此创建反映用户兴趣的假设。如果用户将关注条目展示为关联规则挖掘的示例，则应基于优先级来生成包含条目的关联规则。如果将特定关联规则指定为一段经验知识，则可以使用规则的置信度和支持来估计用户期望的最小支持和置信度。

总而言之，期望借助用户对这些示例的说明，使得每个任务不仅能够引出用户感兴趣的假设，而且还能够缩小假设的搜索空间，并因此减少处理时间。

2.6.3 发现和识别影响

首先在步骤四中，必须检测从物理真实世界数据到社交数据的所有影响的存在。可以通过观察社交媒体数据的动态状态来发现影响的存在。以 Twitter 为例，可以通过注意以下动态来检测影响的存在。

- 时间序列中的爆发或 Tweets 的时间线，即时间线上的每单位时间的 Tweets 数量的快速变化。
- 网络结构的快速变化，例如用户关注关系和转发关系。

除了 Twitter 之外的社交媒体也将在这里描述。让我们考虑 Flickr 的照片共享服务。如果在某个区域中观察到每单位网格的照片数量（即照片密度）大于指定阈值，则可以发现流行的地标。此外，如果考虑密度的暂时变化，则可以发现最近开始引起注意的所谓的出现热门地点［Shirai et al. 2013］。

如果以这种方式确认了任何影响的存在，则作为下一步骤，需要识别影响社交数据的物理真实世界数据。如果信息提取技术被应用在时间线上的一包 Tweets 的内容，则对应于物理真实世界数据的异构信息源将会被自动识别。这样的异构信息源包含诸如维基百科和开放获取的期刊等开放获取媒体、诸如企业数据的有限获取期刊，以及诸如实践体验的个人资料，它们基本上对应于主题。一般来说，频繁的主题就集中在其中。

也可以使用社交标签。社交媒体的用户将社交标签添加到社交数据中。因此，而在 Twitter 中，用户定义的标签包括散列标签，而在 Flickr 中，则是除了 EXIF 之外用户所定义的标签。作为拍摄条件，EXIF 数据将会被自动添加到照片中。由于社交标签在许多情况下能够显式地表示主题，因此，可以通过分析它们来快速发现与这样的主题相对应的异构信息源。然而，在一些情况下，不同的主题会具有相同的标签，并且在其他情况下，相同的标签也会具有时变的含义。这些问题应该在社交标签的分析期间解决。

例如，#jishin⊖和#earthquake 实际上都是用来表示地震发生后的"日本 3.11 地震"。而在有关时间的处理过程中，只有#jishin 被主要使用。

2.6.4　影响的定量测量

发现和识别影响之后，从社交数据到物理真实世界的数据影响（步骤四），以及从后者到前者的影响（步骤五）必须定量测量。为此，需要从一组社交数据中（如 Tweets），找出那些很重要并且与话题相关的文章。

首先，可以想到使用情绪极性字典［Taboada et al. 2011］，它适用于已经预先构造的业务主题。通过加入从正到负的一定取值范围的极性值来获得情绪极性字典中的每个词的条目。根据应用域的不同，文章的重要性是由其内容中所包含的词的极性确定的。

例如，确定新产品的活动成功与否，就需要充分分析一组文章全方位的情感极性。主要是分析有负面情绪极性值的文章，分析投诉和产品的改进意见。然而，在这种情况下，并不是总能收集到足够数量的文章来进行定量分析。因此，在这种情况下，有必要分析个别文章，尽可能客观地使用定性分析的方法。

基本上以这种方式，需要对物理真实世界的数据和社交数据之间的影响进行定量分析。如前面已经提到的，当然，如果需要的话也可用定性分析的技术。

在步骤四中，有必要评估社交媒体的文章（如 Tweets）与特定主题的相关程度、预测主题的准确性，以及对其他用户的影响。

例如，可以使用下列措施进行此类评价，分别如下：
- 关于该主题文章的相关性和专业程度
- 贡献者过去的文章对主题的预测准确性
- 网络的大小由文章的贡献者的被关注者 – 关注者关系组成

我们可以通过文本挖掘、图形挖掘和多变量分析这些措施来评估文章。如果通过监测新产生的文章，发现了与过去有影响的文章相似的文章，则可以通过分析文章来进行关于商业的各种预测。

与分析过程中的步骤四和步骤五一样，对于数据挖掘算法的性能，需要相对于大数据大小的可伸缩性。作为这样的方法之一，可以通过用于分布式并行计算的平台（诸如 MapReduce）来扩展基于常规单个处理器的数据挖掘算法，该平台可以在诸如 Hadoop 的分布式处理平台上工作。关于 Hadoop 和 MapReduce 我们将在下面进行简要解释。

⊖　jishin 是地震一词在日语中的罗马音。——译者注

2.7　兴趣回顾——互动挖掘

到目前为止，我们只讨论了数据分析师的兴趣。除了他们之外还有其他兴趣。不用说，客户的兴趣非常重要，这将在本小节中解释。

一般地，如果客户实际购买了产品或服务，数据挖掘就会处理那些记录在数据库中的交易。分析交易数据可以发现经常购买的产品或服务，尤其是回头客。但是交易挖掘却不能获得那些可能对产品或服务感兴趣，但还没有购买任何产品或服务的客户的信息。换句话说，不可能发现未来有可能是新客户的潜在客户。

然而，在物理真实世界中，客户会看到或触摸在货架中展示的他们所感兴趣的物品。如果可以的话，他们会试看和试听感兴趣的视频或音频。如果可能的话，他们甚至可以闻到或品尝感兴趣的物品。即使感兴趣的物品由于一些原因不可用，客户也会去谈论它们或收集关于它们的信息。

可以考虑这些行为，作为客户和系统（即信息系统）之间相互作用的一部分。这些相互作用表明了潜在客户的兴趣点，他们要么购买感兴趣的物品，要么由于某些原因不买。

通过设置在商店内部的摄像机和传感器，这些交互的部分分别作为视频和传感器数据被记录在数据库或储存库中。客户使用 IC 卡以获得产品和服务，并在设施和交通工具里留下签入/签出的日志信息，这些信息便构成了物理真实世界中的大数据。这些数据包括交互或兴趣的积累，而客户并不会感知到。

另一方面，在网络世界里，用户会把感兴趣的物品（例如产品或服务）的照片或视频发布到诸如 Flickr 和 YouTube 的社交媒体上，使它们被记录下来。有些用户则会在自己的博客或微博，如 Facebook 和 Twitter 的文章中提到感兴趣的物品。其他用户收集感兴趣的物品的信息，通过搜索网站（如通用网页、博客、微博、问答网站和比较购物网站）这些交互全都会被系统数据库中的日志记录下来。和那些在物理真实世界中的交互不同，在网络世界中的这种交互伴随着用户的有意行为。

分析物理真实世界中的交互作用，可以了解客户感兴趣的物品。尽管有这样的分析，但是客户会对哪些方面的物品感兴趣，他们为什么买这些物品，或为什么他们没有买，仍然是未知的。另一方面，在社交数据中，一些用户明确地描述了他们对物品的哪些方面感兴趣，是什么原因导致他们购买或不购买。因此，如果能从异构数据源中提取用户的兴趣点，发现购买或不购买物品的原因，这将有可能获得潜在客户。在一般情况下，如果从异构大数据源中提取用户的兴趣点，以及它们之间的匹配（如它们之间兴趣点的相似性或等同），或者它们之间的联系（如从一个兴趣到另一个的因果关系，或兴趣间的相关性）被发现，预计将产生更多有价值的信息。在本书中，交易数据的传统挖掘称为交易挖掘，交互数据的新挖掘称为交互挖掘（见图 2.8）。

分析师将对上述两种类型的兴趣作几点评论。虽然分析师的兴趣由分析人员自己提供，但是客户的兴趣应该由系统发现和分析。在特殊情况下，两者可以彼此一致。换句话说，可以将交互挖掘比喻为一段旅程，则用户的兴趣就可以作为目标进行搜寻，而分析师的兴趣则可以作为里程碑进行指导。相比之下，传统的交易挖掘可以说是，没有任何兴趣

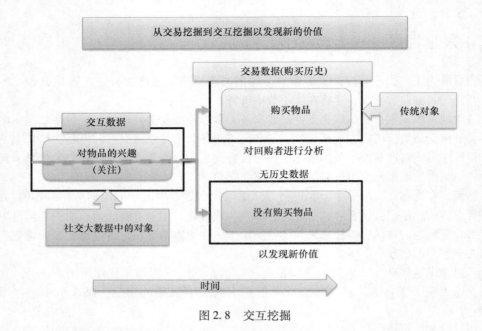

图 2.8　交互挖掘

的参与，一味地寻求模型构造目标。

2.8　分布式并行计算框架

用于分析社交大数据的计算框架由多层组成。每层使用的技术和工具包含以下内容：

概念层：这层提供了本章介绍的大对象模型。

逻辑层：这层包含分析工具，如多元分析、数据挖掘、机器学习和自然语言处理。其中，本书的第二部分会分别介绍数据挖掘技术、作为自然语言处理之一的文本挖掘技术和多元分析，机器学习只在和数据挖掘有关的部分被简单地提到。

物理层：这层由软件和硬件组成。例如，对于数据管理的关系数据库和 NoSQL 数据库，以及分布式并行计算的 Hadoop 和 MapReduce 等都是软件。关于这些软件的概要将在本节的其余部分简要介绍。而硬件是计算机集群经常使用的，由于它们超出了本书的范围，因此这里将不再介绍。

2.8.1　NoSQL

据报道［Vogels 2007］，亚马逊的查询处理 65％ 依赖于主键（即记录标识符），因此它们是基于关键字的机制来进行数据访问的，下面我们将说明键值存储［Decandia et al. 2007］，它是当前由互联网巨头如谷歌和亚马逊使用的数据管理设备。

具体键值存储包括亚马逊的 DynamoDB［DynamoDB 2014］、谷歌的 BigTable［Chang et al. 2006］和 HBase［HBase 2014］的 Hadoop 项目，这是一个开源软件，以及由 Facebook 开发的 Cassandra［Cassandra 2014］，它后来也成为开源软件。

通常，在给定关键字数据的情况下，键值存储适合于搜索与关键字数据相关联的非关键字数据（属性值）。下面将解释其中一种方法。

首先，将散列函数（也叫哈希函数）应用于存储数据的节点。根据散列函数的结果，节点被映射到环状网络上的点（即逻辑位置）（见图 2.9）。

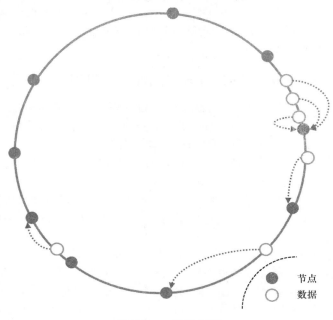

图 2.9 一致性散列

在存储数据时，将相同的散列函数应用于每个数据的关键字值，然后将数据类似地映射到环上的点。每个数据通过环顺时针旋转并存储在最近的节点中。虽然数据的移动取决于节点的添加和删除，但是影响的范围是可以定位的。因此，对于数据接入，我们只需要通过将散列函数应用于关键字值来搜索最近的节点。这种接入结构称为一致性散列，它也被各种目的的 P2P 系统（如文件共享）所采用。

对于大规模的数据访问而言，通过指定非关键字数据上的条件或关键字数据上的不等式条件来从键值存储中搜索数据是低效的。这是因为有必要检查每个数据的条件。

为了通过除关键字之外的属性条件高效地搜索数据，还有一些典型的方法，例如索引属性值。然而，如果使用索引，则索引的种类可能在数量上增加，并且整个索引的大小可能是原始数据的数十倍。或者，存在通过组合一个或多个属性的值来构建索引键的方法。在这种情况下，如果每个属性的值的变化大，则可能依次引起组合爆炸。

目前，以关系数据库管理系统（RDBMS）或 SQL 作为搜索接口，是存储和搜索大数据的主流机制。它们提供了能够有效地执行比关键字值搜索更复杂的查询的访问方法，包括选择和连接操作（即通过两个或多个表的键进行比较）。

另一方面，如果用户对键值存储执行相同的操作，则会出现问题。用户必须对与复杂查询相对应的逻辑进行编程。作为很有希望解决这个问题的方案，必须构建一种功能丰富的查询处理设施来作为键值存储上的中间件。因此，整体上，键值存储显然类似于常规数据库管理系统。然而，由于要处理复杂查询，且底层键值存储本身的处理能力很差，因此，不可能解决性能问题。

由于其简单的结构，键值存储可以提供比常规关系数据库更多的可扩展性。此外，键值存储已经尽可能地用于有特定前途的应用（即 Web 服务）。另一方面，关系数据库已经被开发为通用数据库管理系统，旨在灵活和有效地支持各种数据库的存储、搜索和更新。可以说，至少在用于高级搜索和高可靠性数据管理的设备中，关系数据库或 SQL 接口已被过度设计并用于满足当前 Web 服务的需求。

2.8.2　MapReduce——一种并行分布式计算的机制

一般来说，经常被重复使用的算法类型称为设计模式。MapReduce［Dean et al. 2004］被认为是一种设计模式，它可以通过直接的方式执行向外扩展来高效地处理任务。例如，人们浏览网站，机器便开始进行搜索引擎的抓取，当他们访问网站时，会在 Web 服务器中留下访问日志数据。因此，有必要从所记录的访问日志数据中将每个用户的会话（即一系列连续的页面访问）提取出来，并将它们存储在数据库中以供进一步分析。通常，这样的任务被称为提取、变换和加载（Extract – Transform – Load，ETL）。要从搜索引擎抓取的页面中提取页面、搜索项和链接，并将其存储在存储库中或通过使用此类数据创建索引，也被视为 ETL 任务。

MapReduce 适用于执行此类 ETL 任务的应用。它将任务划分为子任务，并以并行分布方式处理它们。总之，子任务被映射到两个或更多个服务器上以便处理，并且每个结果被混洗并聚合成最终结果（见图 2.10）。MapReduce 适用于只有每个子任务的数据或参数是分开的情况，尽管它们的处理方法完全相同。图 2.10 中展示了使用 MapReduce 计算整个页面集合中搜索项频率的例子。首先，执行 Map 阶段，并且重新排列（即混洗）输出，使得它们适合于 Reduce 阶段的输入。换句话说，对于应用而言，其相似性（即在这种情况下处理的一致性）和分集（即处理的数据和参数的差异）是固有的，MapReduce 正是利用这些特点来提高处理效率的。

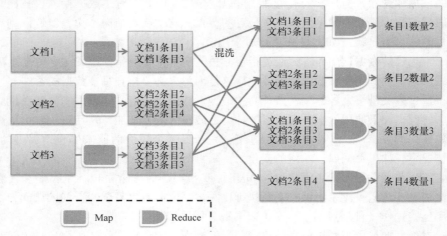

图 2.10　MapReduce 的一个例子

另一方面，有一项关于 MapReduce 性能的研究报告［Stonebraker et al. 2010］，麻省理工学院的 Stonebraker 通过使用由 100 个节点组成的计算机集群执行了一些不同的任务，并比较了 Hadoop 上的 MapReduce 和最新的并行 RDBMS（特别是面向列的 Vertica 和面向行的 DBMS – X）的性能。并行 RDBMS 在诸如类 Grep 的并行搜索字符串和 Web 日志分析的任务中多次胜过 MapReduce。前者在复杂的查询处理中胜过后者 10 倍以上。

在 MapReduce 和 RDBMS 之间，对数据的容错能力的响应也是不同的。如果在 RDBMS 中发生错误，它会立即尝试从错误状态中恢复。而另一方面，即使发生了错误，MapReduce 也仍然会保持状态，并继续当前进程。换句话说，MapReduce 采取的立场是，数据只有在最终需要（称为最终一致）时才是一致的。

CAP 定理［Brewer 2000］指出，分布式环境中的应用系统不能同时满足三个特性，即：一致性（Consistency）、可用性（Availability）和分区容限（Partition tolerance）。然而，它们中的任何两个可以同时满足。Web 服务高度重视可用性和分区容限，因此选择了 MapReduce 所支持的最终一致性概念。

HBase 强调 CAP 中的可用性和分区容限。另一方面，当前的 DBMS 更重视一致性和可用性。根据 Stonebraker 提出的观点，虽然并行 RDBMS 适合处理结构化数据和数据经常更新的应用中的复杂查询，但 MapReduce 适用于以下的应用：

- ETL 系统
- 涉及复杂分析的数据挖掘
- XML 数据处理

此外，与 RDBMS 相比，MapReduce 是一个即用型、低成本可得的功能强大的工具。换句话说，并行 RDBMS 和 MapReduce 所用的场景不同。一般来说，生态系统是基于技术的社交系统，这些系统是自我组织的，通过成员之间的互动来维持，如自然生态系统一样。并行 RDBMS 和 MapReduce 在不同的生态系统中发展。然而，这两个生态系统可能相互影响，并像自然生态系统一样发展成为一个新的生态系统。例如，最近谷歌对数据库系统 F1 所做的研究［Shute et al. 2013］就旨在平衡 CAP 的所有方面。

2.8.3　Hadoop

Hadoop［Hadoop 2014］是一个用于计算机集群上的分布式处理的开源软件，由两个或更多服务器组成。Hadoop 对应于谷歌的分布式文件系统 GFS（Google File System）的开源版本，以及使用 GFS 的谷歌的分布式处理模式 Hadoop。目前，Hadoop 是 Apache 的项目之一。

Hadoop 包括一个称为 HDFS（Hadoop 分布式文件系统）的分布式文件系统，它相当于 GFS，MapReduce 和 Hadoop Common 作为公共库（见图 2.11）。

由于我们之前已经解释了 MapReduce，因此这里仅简要解释 HDFS。计算机系统是由两个或更多服务器组成的集群（即现实中的机架）的集合（见图 2.12）。数据被分成块。虽然原始数据的一个块存储在由 Hadoop 确定的服务器中，但原始数据的副本却被存储在除了用于同时保存原始数据的服务器的机架之外的两个其他服务器（默认）中。

虽然这样安排数据的目的是提高可用性，但还有另一个目的那就是改进并行性。

名为名称节点（NameNode）的专用服务器管理 HDFS 中的数据排列。NameNode 服务器执行数据文件的所有元数据的保存。元数据驻留在用于高速访问的核心存储器上。因此，NameNode 的服务器应该比其他服务器更可靠。

可以预期的是，如果在两个或两个以上的服务器中存在相同的数据副本，对于这样的

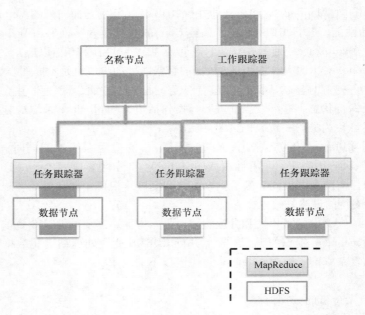

图 2.11 Hadoop

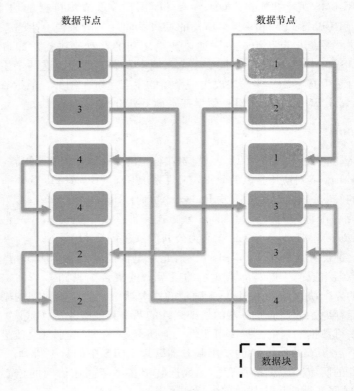

图 2.12 HDFS

问题，候选方案的数量增加，则并行的任务被划分成多个子任务进行处理。如果向 Hadoop 提供任务，则 Hadoop 就会通过查询 NameNode 来搜索相关数据的位置，并将执行的程序发送到存储数据的服务器中。这是因为发送程序的通信成本通常要比发送数据低。

通常，程序基本上对个体数据执行操作。但是，Hadoop 基本上处理一组数据。Pig 和 Hive 是两种不同类型的编程环境，它们的创建取决于如何将一个集合的概念引入到编程中。Pig 是基于数据流而不是简单的一组数据的概念，Pig 对一组数据的每个元素重复执行相同的操作。另一方面，Hive 对一组数据（如 RDBMS 的 SQL）执行操作。可以这样认为，与如前所述的 RDBMS 相比，Hive 是用于弥补 Hadoop 中的一个弱点而努力的结果。然而，Hive 在内部顺序地访问数据的事实却并没有改变。

参 考 文 献

[Brewer 2000] Eric Brewer: Towards Robust Distributed Systems http://www.cs.berkeley. edu/~brewer/cs262b-2004/PODC-keynote.pdf accessed 2014

[Cassandra 2014] Cassandra http://cassandra.apache.org/accessed 2014

[Chang et al. 2006] Fay Chang, Jeffrey Dean, Sanjay Ghemawat, Wilson C. Hsieh, Deborah A. Wallach, Mike Burrows, Tushar Chandra, Andrew Fikes and Robert E. Gruber: Bigtable: A Distributed Storage System for Structured Data, Research, Google (2006).

[Dean et al. 2004] Jeffrey Dean and Sanjay Ghemawat: MapReduce: Simplified Data Processing on Large Clusters, Research, Google (2004).

[DeCandia et al. 2007] Giuseppe DeCandia, Deniz Hastorun, Madan Jampani, Gunavardhan Kakulapati, Avinash Lakshman, Alex Pilchin, Swaminathan Sivasubramanian, Peter Vosshall and Werner Vogels: Dynamo: Amazon's highly available key-value store. Proc. SOSP 2007: 205–220 (2007).

[DynamoDB 2014] DynamoDB http://aws.amazon.com/dynamodb/accessed 2014

[Hadoop 2014] Hadoop http://hadoop.apache.org/accessed 2014

[HBase 2014] HBase https://hbase.apache.org/accessed 2014

[IDC 2008] IDC: The Diverse and Exploding Digital Universe (white paper, 2008). http://www.emc.com/collateral/analyst-reports/diverse-exploding-digital-universe.pdf Accessed 2014

[IDC 2012] IDC: The Digital Universe In 2020: Big Data, Bigger Digital Shadows, and Biggest Growth in the Far East (2012).

http://www.emc.com/leadership/digital-universe/iview/index.htm accessed 2014

[Kline 2011] R.B. Kline: Principles and practice of structural equation modeling, Guilford Press (2011).

[Mcfedries 2012] P. Mcfedries: The coming data deluge [Technically Speaking], Spectrum, IEEE 48(2): 19 (2011).

[Shirai et al. 2013] Motohiro Shirai, Masaharu Hirota, Hiroshi Ishikawa and Shohei Yokoyama: A method of area of interest and shooting spot detection using geo-tagged photographs, Proc. ACM SIGSPATIAL Workshop on Computational Models of Place 2013 at ACM SIGSPATIAL GIS 2013 (2013).

[Shute et al. 2013] Jeff Shute et al.: F1: A Distributed SQL Database That Scales, Research, Google (2013).

[Stonebraker et al. 2010] Michael Stonebraker, Daniel J. Abadi, David J. DeWitt, Samuel Madden, Erik Paulson, Andrew Pavlo and Alexander Rasin: MapReduce and parallel DBMSs: friends or foes? Communication ACM 53(1): 64–71 (2010).

[Taboada et al. 2011] Maite Taboada, Julian Brooke, Milan Tofiloski, Kimberly Voll, Manfred Stede: Lexicon-Based Methods for Sentiment Analysis, MIT Computational Linguistics 37(2): 267–307 (2011).

[Vogels 2007] W. Vogels: Data Access Patterns in the Amazon.com Technology Platform (Keynote), VLDB (2007).

[Zikopoulos et al. 2011] Paul Zikopoulos and Chris Eaton: Understanding big data Analytics for Enterprise Class Hadoop and Streaming Data, McGraw-Hill (2011).

第 3 章　大数据时代的假设

大数据时代，对于我们而言，构建假设比以前更加困难。然而，假设的作用却越来越重要。本章首先阐述了大数据时代假设的本质，然后介绍了经典的推理形式，如归纳、演绎和类比，它们将作为构建假设的基本技术进行讨论。随后，我们会对不明推论式作为合情推理，因果关系，以及相关性作为与推理有关的基本概念进行总结。

3.1　什么是假设

这里将描述大数据和假设之间的关系。在大数据时代，提前做出一个有可能的假设，对我们而言变得更加重要和困难。一般来说，假设是关于某种现象的观察值的临时解释。在更狭义的意义上，它是一种可观测原因和结果变量之间的预测关系。此外，假设必须是可验证的。然而，对假设的验证并不等同于对假设的证明。即使只有一个相反的例子，也能证明假设是不正确的。另一方面，很难证明假设是完全正确或不正确的。换句话说，对假设的验证是在相关现象发生之后，定量地评估假设是否可接受。

首先，假设是必要的吗？事实上，不预先构建假设，也可以获得某种类型的预测，主要是通过考虑表示所有可能的变量的数千维的特征向量，并将这样的向量馈送到可在 Hadoop 上运行的机器学习或数据分析库中完成的（Hadoop 是一种并行软件平台，可在集群计算机上工作）。

基因组研究人员报告了一种无假设方法成功的案例。例如，通过将关联研究应用于整个基因组的技术，人们已经发现：特定基因可以通过与咖啡的相互作用来调节帕金森病症状发展的事实 [Hamza et al. 2011]。

然而，仅通过上述方法获得的预测，还不能解释用于预测的任何机制或验证。如果这样的解释困难，则用户不会有信心轻易地采用这种机制作为一定的预测。因此，即使目前处于大数据时代，最好还是在数据分析或数据挖掘中事先构建一个假设。

一般来说，假设也有生命周期（见图 3.1）。在定义完问题之后，通过对问题的预分析来构建一个假设（假设构建）。在收集与假设构建相关的数据之后，将一些方法（如统计分析和实验）应用到数据中，从而验证假设（假设验证）。如果作为验证的结果，假设被接受的话，那么也就是说，提升为理论（形成理论）。否则，被拒绝的假设要么被丢弃，要么在另一个生命周期中被修正。

这里将解释一下在数据挖掘中假设所处的位置。简单地说，数据挖掘包括基于收集的数据生成模型（即模式）的任务，这就等价于假设。数据挖掘中所使用的技术通常称为机器学习。分类是一种有监督技术，它使用部分样本来构建假设的训练数据，其他样本则作为验证假设的测试数据，该假设的类别（即分类类别）是预先已知的。关联规则分析和聚类分析是无监督技术，它们可以在不使用训练数据或提前构造任何假设的情况下执行。

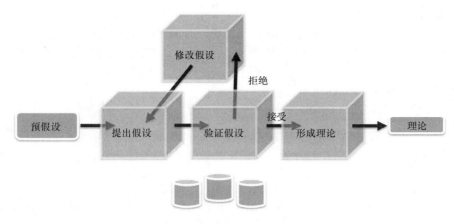

图 3.1　假设的生命周期

　　然而，在数据挖掘的每个任务之前由用户构建假设的例子，或者由用户提供的数据挖掘任务的假设构造提示，都可以用来指导在数据挖掘中选择合适的技术或参数，而这对于获得更好的模型来说，是有很大帮助的。例如，事先压缩用户所认为的分类中重要的属性，相当于为数据挖掘任务的假设构建给出一些提示，再来学习分类规则或其他模型。对于关联规则，关于频繁项目的支持值、置信度值、用户的兴趣度，可以通过分析用户基于他们的经验所构建的频繁项集（或规则）进行推测。此外，在聚类中，指定一组数据最终属于同一个集群的约束，或者指定它们最终属于单独集群的约束，相当于给出了假设构建的某种指导。

　　在数据挖掘中，假设（即模型）是否可接受主要是通过精度测量来判断的。同时，假设的价值则是通过兴趣水平来评估的，也就是用户对某一领域的兴趣。可以说，数据挖掘之前的假设或给予数据挖掘的提示，在某种意义上反映了在该领域中的兴趣水平。因此，由用户提前提供的假设和提示也是有效的，以便测量由数据挖掘做出的假设的兴趣水平。领域专家的经验规则和期望通常是通过无监督技术来进行分析的，例如关联规则分析和数据挖掘中的聚类分析。本书将会涉及对社交数据的分析，通过关注人们的兴趣（如照片的拍摄方向和微博中所引用的术语），可以做出更有价值的发现的实例。

　　在科学界，假设较少被引用。即使是看似偶然的科学发现也需要来自于对相关现象尖锐而直觉（或灵感）的仔细观察和深刻辨别，以及用于验证假设的精细实验来构建假设。如果新的假设能够比旧的更准确地解释现象，则旧的假设将被新的假设所取代。例如，随着由粒子构成的物质世界逐渐被揭示，解释粒子之间相互作用的理论已经从牛顿力学变为量子力学。

　　如果出现不能由现有假设解释的现象，则该假设将被摈弃。这样，验证的假设使人类的科学知识比以往任何时候都丰富。事实上，有些观点认为，只有通过数据密集计算才能进行科学研究 ［Hey 2009］。这些观点在所有科学领域都不一定是对的。也就是说，科学本质上具有由假设（即假设驱动）所引导的特征。

　　一般来说，假设必须满足以下特性：

- 假设能够解释尽可能多的先前事件的例子（通用的）。为构建一个假设，这是首先必须考虑的。

- 假设必须尽可能简单（简约）。换句话说，对用户而言，假设必须是可理解的。
- 假设能够预测未来将会发生什么现象（可预测的）。这个特征与假设的有用性相关。
- 假设必须是可验证的（可测试的）。

在本书中，作者想在以上清单中再加入如下特征：

- 一个假设，无论是科学的还是商业的，都必须反映当代某一领域相关从业者的兴趣。

3.2　数据采样

对于大数据时代而言，在某些方面，数据挖掘可以比以往更容易获得足够数量的数据，这可能是一个好消息。我们会在下面对这种情况进行更详细的解释。

为了筹划假设验证，数据分析师遵循以下过程，而在大数据时代之前，这需要花费很长时间。

通常由人们预先给出整个样本数据的类别，然后将其划分为用于假设构建的部分（即训练集），以及用于假设准确性测量的其他部分（即测试集或验证集）。最后，基于训练集来构建假设，并且使用测试集来测量假设的准确性。

然而，如果样本数据的总数太小的话，则不能完全获得用于假设构建的足够多的数据。此外，假设的精度极有可能将受到少量样本的过度影响。

为了解决这个问题，人们发明了一种称为 k 折交叉验证的方法。在 k 折交叉验证法中，样本数据被预先划分为 k 块，其中，$k-1$ 块用于假设的构建，剩余的一块则用于假设的验证。通过交换用于假设构建的数据并计算每次通过的准确度，进行 k 次实验（即数据分析或数据挖掘）。计算准确度的平均值以验证假设。

随着大数据时代数据量的自然增加，我们将会更容易获得足以进行假设构建的数据。也就是说，样本大数据被简单地划分为两个，其中一个用于构建假设，另一个则用于验证假设。我们所需要做的只是交换这些数据的作用，并再次执行数据分析或数据挖掘。也就是说，在理论上，总是可以执行二重交叉验证方法。

在大数据时代，可能仍需要准备预先已知类别的数据作为训练集，以及有监督学习，如分类中的数据作为验证集。在这种情况下，数据集通常应由人工帮助准备。然而，在大数据时代，由于数据量太大，这样的工作会变得相当困难。当然，这种问题也存在解决方案［Sheng et al. 2008］。也就是说，使用人力策略有时可能是有效的，如亚马逊的土耳其机器人［Amazon Mechanical Turk 2014］。

3.3　假设验证

如前所述，自从我们进入大数据时代以来，可用的样本数量增加了。然而，大数据时代并不一定只带来好消息。

这里将考虑假设验证。一个验证假设如下所示（例如，T 检验）：

1. 待验证的假设的对立面称为备择假设，它被构造成一个零假设。

2. 确定显著性水平 α。

3. 基于样本数据，计算统计值和 p 值。

4. 如果 p 值小于指定的显著性水平，则有显著性差异。因此，零假设被摒弃，从而接受备择假设。

5. 否则，就判断两个假设之间没有显著性差异。

p 值表示一种概率（显著性概率），它是在零假设为真的前提下，根据样本数据所计算的值在更极端情况下的概率。p 值可以通过一个检验统计量（例如 T 检验中的 T 值）计算出来。另一方面，显著性水平是当一个零假设为真时，摒弃它概率的容忍极限。显著性水平是一个判断标准，分析师可以选择这些值，如 0.1、0.05 和 0.01。

我们将在这里重点关注 p 值。随着样本数的增加，p 值趋于降低。也就是说，如果样本数量增加，则可以相应地降低显著性水平。换句话说，从纯统计学意义上理解，备择假设变得更加可能。这也可以称为相关系数。也就是说，假设相关系数的值相同，随着数据量的增加，显著性水平可以降低。

因为在大数据时代数据量已经增加了，所以假设的显著性水平自然也会减低。然而，不能过分强调这些，因为我们并不能保证可以自动构建更重要和更有趣的假设。简而言之，在分析之前，需要将兴趣程度明确表达为某种假设。

另外，诸如 Cohen′s d 效应值，目前已经取代 p 值广为使用，因为它不容易受样品数量的影响 ［Kline 2011］。

3.4　假设构建

在本节中，我们将从各种推理和因果关系分析的角度直观地描述用于假设构建的提示。

一般来说，数学中命题的推理形式包括归纳和推导。然而，请注意，这里描述的命题不局限于数学中，它是普遍为真的，即在任何地方和任何时间。众所周知，在过于普通的命题或共同命题的情况下，任务的兴趣水平可能会降低。本书也会处理真实依赖于情境的命题，换句话说，并不总是真的，即以某种置信度（例如概率）为真。对于实际应用而言，不但需要数学上的严格推理（如归纳、推论），而且还需要合理的推理和类比。

下面我们将从构建假设的角度来解释这些推理形式。

3.4.1　归纳法

我们通常通过归纳个体观察（样本）o_i 来创建命题。这种形式的推理称为归纳推理。下面是一个简单的归纳推理实例。

$p(o_1)$，$p(o_2)$，…，$p(o_n)$（如果全部成立）

（然后导出以下）

$p(o)$（即普遍成立）

其中，o 表示可观察数据集合的每个元素 o_i 上的变量；$p(o)$ 表示变量 o 所满足的命题 p。

例如，让我们考虑一个关于整数的数学命题 ［Polya 2004］它可以表述如下：

$$1^3 = \left(\frac{1 \cdot 2}{2}\right)^2 \qquad\qquad\qquad\qquad p(1)$$

$$1^3 + 2^3 = \left(\frac{2 \cdot 3}{2}\right)^2 \qquad\qquad\qquad p(2)$$

$$1^3 + 2^3 + 3^3 = \left(\frac{3 \cdot 4}{2}\right)^2 \qquad\qquad p(3)$$

$$\vdots$$

$$1^3 + 2^3 + 3^3 + \cdots + n^3 = \left[\frac{n \cdot (n+1)}{2}\right]^2 \qquad p(n)$$

如果将命题 $p(n)$ 以几何的形式表示，它的意思就是方程左边的边长为 i（$i = 1,\ \cdots,$ n）的立方体的体积之和，等于右边的边长为 i（$i = 1,\ \cdots,\ n$）的正方形的面积之和（见图 3.2）。然而，这是一个基于归纳的理想假设的例子，它也可以通过数学归纳来精确地证明。

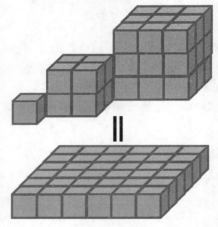

图 3.2　几何解释

归纳是一种推理形式，可以直接使用，以构建来自个体观测的普遍假设。当然，归纳假设也可以用来解释现有的观测数据。此外，重要的是，这样的假设也能够解释新引入的数据。

3.4.2　推理

究竟是推论［Jaynes 2003］适合于构建假设，还是经常用于数学的演绎推理适合于构建假设？通常，在严格的演绎推理中，需要考虑以下命题：

$p \Rightarrow q$

其中，$p \Rightarrow q$ 意味着假设命题 p 为真，则命题 q 为真。因此，可以说 p 意味着 q。当上面的命题成立时，如果 p 是正确的，则可以推断出 q 也是正确的。这可以表示如下：

（$p \Rightarrow q$）且 p 为真

------

q 为真

现在以一个关于气候的命题为例，以下 A 和 B 被分别视为 p 和 q 的具体命题。

令 $A \equiv \{$ 厄尔尼诺/拉尼娜 – 南方振荡[⊖]发生 $\}$，$B \equiv \{$ 日本有一个温暖的冬天 $\}$

因此，如果厄尔尼诺/拉尼娜 – 南方振荡发生了，那么日本将会有一个温暖的冬天。

上述推理称为三段论。当基于演绎推理构建假设时，理想的情况是通过结合已公认的假设（即理论）来证明新的假设是正确的。事实上，在数学中这总是可能的。然而，在其他领域中，对于通过演绎推理产生的假设以及由归纳推理产生的假设，都必须使用真实数据来验证过程。

如果假设可以转换为可以实现假设的另一形式（例如模拟程序），则还存在将由模拟程序计算的结果与实际观测的数据进行比较并间接验证假设的方法。模拟程序也可用于以该方法预测未来的结果。

目前，在一般的演绎推理中，相对命题 $q \Rightarrow p$ 不一定会因为命题 $p \Rightarrow q$ 为真而为真。也就是说，尽管后面的命题为真，q 也是为真，但在严格的演绎推理中，并不能推断出 p 为真。通常，通过变换上述三段式进行的以下推理是不成立的：

$(p \Rightarrow q)$ 且 q 为真

------

p 为真

假设与上面的实例相同，将 A 作为 p 的具体命题，B 作为 q 的具体命题。那么，即使日本有一个温暖的冬天（B），也不能说明厄尔尼诺/拉尼娜 – 南方振荡发生了（A）。

3.4.3　可信推理

另一方面，有时可以认为在物理现实世界中的某个领域中的命题是可信的（即数量上真实的）。换句话说，它对应于给定一个命题的定量可靠性或可信性。这里将解释可信推理 [Jaynes 2003]。

我们将再次考虑以下三段论，假设 A 和 B 与先前实例中的命题相同。

$(A \Rightarrow B)$ 且 A 为真

B 为真

这里假设上述命题的可靠性可由下面的条件概率 [Jaynes 2003] 表示，下面我们继续讨论。

$P(B|(A \Rightarrow B)A)$

为了确定可靠性的值，我们将首先考虑以下关于条件概率（也称为贝叶斯定理）的同义反复，其值总是为真。

$P(XY|Z) = P(X|YZ)P(Y|Z) = P(Y|XZ)P(X|Z)$

令 $X = A$，$Y = B$ 以及 $Z = (A \Rightarrow B)$，则上式可以变换如下：

$P(B|(A \Rightarrow B)A) = P(B|A \Rightarrow B)P(A|B(A \Rightarrow B))/P(A|A \Rightarrow B)$

显然，在这种情况下，该表达式的值等于1。这是因为上式中的分母通常可以做如下变换：并且在这种情况下新公式中的下画线部分等于0。

$P(A|A \Rightarrow B) = P(A(B + \neg B|A \Rightarrow B) = P(AB|A \Rightarrow B) + P(A \neg B|A \Rightarrow B)$

$\qquad = P(B|A \Rightarrow B)P(A|B(A \Rightarrow B)) + P(\neg B|A \Rightarrow B)\underline{P(A|\neg B(A \Rightarrow B))}$

⊖　厄尔尼诺/拉尼娜 – 南方振荡是发生在横跨赤道附近太平洋的一种准周期气候类型，大约每 5 年发生一次。——译者注

接下来,我们将再次考虑以下从三段论修改的情况。

$(A \Rightarrow B)$ 且 B 为真

A 为真

当然,这在严格的演绎推理中是不正确的。然而,如下所示,可信推理认为 A 更可能为真。

$(A \Rightarrow B)$ 且 B 为真

A 更可能为真

此时的置信度由概率 $P(A|(A \Rightarrow B)B)$ 给出。为了确定该值,我们将再次使用上述同义反复(贝叶斯定理),具体如下:

$$P(A|B(A \Rightarrow B)) = P(A|A \Rightarrow B)P(B|A(A \Rightarrow B))/P(B|A \Rightarrow B)$$

关注上式中的分母,B 在假设 $A \Rightarrow B$ 下所成立的概率越小,A 成立的概率就越大。换句话说,如果发生罕见事件(如 B),则 A 的似然性增加。如果 $P(B|A(A \Rightarrow B)) = 1$ 且 $P(B|A \Rightarrow B) \leqslant 1$,则由上述公式可以得出:

$$P(A|B(A \Rightarrow B)) \geqslant P(A|A \Rightarrow B)$$

类似地,三段论可以扩展如下:

$(A \Rightarrow B)$ 且 A 为假

B 不太可能为真

也就是说,在这种情况下,如果在假设下证明 A 为假,则可以将其解释为 B 的似然性降低(即更不可能)。类似地,通过使用贝叶斯定理可以计算出置信度 $P(B|\neg A(A \Rightarrow B))$ 等于 $P(B|A \Rightarrow B)P(\neg A|B(A \Rightarrow B))/P(\neg A|A \Rightarrow B)$。此外,也可以表示为 $P(B|\neg A(A \Rightarrow B)) \leqslant P(B|A \Rightarrow B)$。

3.4.4 不明推论式

如果在 $A \Rightarrow B$ 的假设下观察到 B,则 A 可以被推定为最可能的原因之一。这是上面描述的一种可信推理,这种推定被称为不明推论式[abduction – SEP 2014]。在不明推论式中,构建假设的能力很重要。因此,我们使用贝叶斯定理考虑以下概率:

$$P(A \Rightarrow B|B) = P(A \Rightarrow B)P(B|A \Rightarrow B)/P(B)$$

推理的合理性可以通过该概率来定量测量。也就是说,一般而言,当结果(即证据)B 被观察到时,在所有的推理中,作为导致 B 的原因的 A 是所考虑的假设中概率最高的。

因此,当为推理创建假设时,有时值得考虑从相反的方向使用某个命题。这点是很重要的,特别是对于在探索性数据分析中构建假设。

3.4.5 相关性

假设现象 C_1 和 C_2 经常在某一场景中同时或与时间顺序无关地发生,如果发生 C_1 或 C_2,则认为另一个也可能发生。在这种情况下,C_1 和 C_2 之间可能存在一些相关性[Kline 2011]。也就是说,在这种情况下(即高的共现),一个假设和其对立假设会被同时考虑。

$C_1 \Rightarrow C_2$

$C_2 \Rightarrow C_1$

例如，令 $C_1 = \{$归纳$\}$，$C_2 = \{$推理$\}$。然后，期望这对事件能够经常一起在文档或网页中使用。然而，仅仅观察上述现象同现的频率不足以分析相关性。如果 C_1（或 C_2）通常随着 C_2（或 C_1）的增加而增加，则认为 C_1 和 C_2 之间存在正相关。另一方面，如果在不同的情况下，C_1（或 C_2）更频繁地出现，而 C_2（或 C_1）却不太经常出现，则在这种情况下，称它们之间存在负相关。此外，在既不存在正相关也不存在负相关的情况下，可以说不存在任何相关。如果同时出现多次，但没有相关性，这意味着只是发生巧合。

相关性通常是通过计算如余弦度量和 Jaccard 系数的相关系数来检验的，后面我们将会阐述。正相关、负相关和不相关是由相关系数的值来判断的。

例如，假设赋值 C_i 如下：

$C_1 = \{$归纳$\}$，$C_2 = \{$推理$\}$，$C_3 = \{$演绎$\}$

在 C_1 和 C_2 之间（如 $\{$归纳 推理$\}$）以及 C_3 和 C_2 之间（如 $\{$演绎 推理$\}$）更有可能出现正相关。另一方面，尽管 C_1 和 C_3（如 $\{$归纳 演绎$\}$）同时出现多次，但它们之间可能存在负相关。

3.4.6　因果关系

对于前面已经提到的演绎推理，让我们考虑存在严格的因果关系的情况，比如作为结果的 B 产生了 C。在本书中，这种情况可以表示如下：

$B \Rightarrow C$

例如，命题 B 和 C 如下所示（见图 3.3）：

$B \equiv \{$日本有个温暖的冬天$\}$

$C \equiv \{$日本冬季服装的销售量下降$\}$

也就是说，如果日本是个暖冬（B），那么日本冬季服装的销售量就会下降（C）。

在纯科学中，即使 B 和 C 之间有相关，或者它们同时发生或连续发生，也不会声称 B 和 C 之间有任何因果关系。事实上，虽然这是罕见的，但 B 和 C 也完全有可能同时发生。

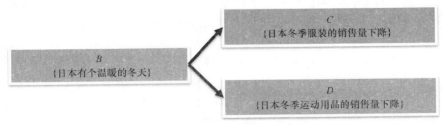

图 3.3　常见的原因

此外，一个原因可能产生两个或多个结果。在这种情况下，如果换句话说，导致 C 和 D 的常见原因是 B，那么这种情况可以描述如下：

$B \Rightarrow C$

$B \Rightarrow D$

也就是说，尽管在这种情况下 C 和 D 之间显然是正相关，但是 C 和 D 之间没有直接的相关性。在这种情况下的关系被称为伪相关，它与真相关不同。

例如，继续使用上述示例中的 B 和 C，并将 D 设置如下（见图 3.4）：

$D \equiv$ ｛日本冬季运动用品的销售量下降｝

$B \Rightarrow C$ 和 $B \Rightarrow D$ 都成立。

虽然销售冬季服装（C）和冬季运动用品（D）的销售似乎正相关，但没有明确的直接依赖关系。

当原因 B 不明或 B 本质上是潜在的时（即 B 不能被观察到时），B 和 C 以及 B 和 D 的相关性不能被直接测量，此时有条件和部分地使用 C 和 D 之间的关系有时会被认为是有效的。

此外，在 A 和 C 之间存在现象 M，并且 M 是 A 的结果和 C 的原因，那么这种关系通常可以表示如下（见图 3.4）：

$A \Rightarrow M \Rightarrow C$

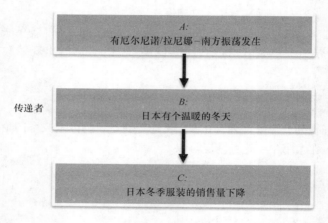

图 3.4　传递者

在这种情况下，在 A 和 M 以及 M 和 C 之间存在严格的因果关系。此外，A 会通过 M 影响到 C，最后一个条件是特别重要的。通常称 M 为传递者。传递者的作用称为传递，并且可以说 A 对 C 的影响是间接的。

前面的 A、B 和 C 按原样使用，令 $M = B$。如果发生了厄尔尼诺/拉尼娜 – 南方振荡（A），那么由（A）导致的结果为日本有个温暖的冬天（B），然后是冬季服装的销售量下降（C），因为它是 B 所导致的结果。

请注意，A 可能会间接和直接地影响 C，这取决于具体的应用。

此外，两个或多个原因可能与一个结果有关。在这种情况下，它可能是所有的原因与结果相关，可以采用多元线性回归分析或更一般的技术如 SEM（结构方程模型）［Kline 2011］。另外，因果关系的一部分（即前提条件），可以与逻辑运算符（即与、或、非）相关联的条件表达式结合进行描述。

这里，因果关系将会被严格定义（即在一定意义上的经典）。

如果满足以下条件，则认为在 A 和 B 之间存在因果关系（$A \Rightarrow B$）：

（条件一）A 暂时先于 B。

（条件二）A 和 B 之间有任何相关性。

（条件三）A 和 B 之间没有传递者。

（条件四）如果没有 A，那么 B 不会发生。

（条件五）关系 $A \Rightarrow B$ 普遍存在。

我们可以从现代的观点来看，对上述因果关系中的每个条件做出一些评论。

在条件一中，根据应用领域的不同，A 在 B 之前发生的时间延迟或时间尺度是不同的。在自然现象中，它可以短至一秒，或可以 100 年为单位来测量。例如，厄尔尼诺/拉尼娜 – 南方振荡对日本温暖的冬天的影响却超过了半年。

还可以考虑反馈回路的相互作用，比如说 A 导致 B，继而 B 导致 A。在这种情况下，当相互作用被看作一个整体时，似乎 A 和 B 同时发生。此外，在 A 暂时不变或稳定的情况下，可以认为 A 与优先条件一致。

在条件二中，考虑真相关而不是伪相关。因此，B 依赖于 A。

与条件三相关的是，它有时也有必要考虑因果结构，包括传递因果关系，也就是说，这里是严格因果关系的组合。例如，将考虑 $A \Rightarrow B \Rightarrow C$。如果当 B 作为 A 和 C 之间的传递者时，也将直接接受 $A \Rightarrow C$ 的影响，因果结构可以被认为是直接和间接效应（即传递效应）组成的综合因果关系。

条件四排除了 A 不发生和 B 发生的情况。在这种情况下，可以认为是另一个原因 U 导致了结果 B 的发生。在该情况下需要检查所谓的反事实依赖性。也就是说，如果 A 不发生，则有必要验证 B 也不发生。将随机选择的样本数据分为两个组，一个组为 A，另一个为非 A，并且通过使用这两个组的实验来验证假设，是该反事实依赖性的一种测试方法。如果 U 引起了 B，则 U 和 B 之间存在严格的因果关系。当然，如果存在两个或多个原因，则必须定量考虑每个原因的贡献。

在条件五中，从因果关系实用性的观点来看，有必要根据应用重新定义通用的含义。在这种情况下，它等同于将微观普遍性考虑为在特定时间和空间下的情况。例如，B 声称是在日本，而不是在全球，有一个温暖的冬天。

3.4.7　类比

在本节中，类比［Polya 1990］将被解释为一种推理形式。在类比推理中，让我们考虑这样的情况，其中创建的命题 T 在结构上类似于现有命题 S。在 T 和 S 彼此对应部分的比较中，T 中还未知但是 S 中已知的可以由此预测出来。根据这个过程来考虑命题被称为类比。

例如，我们将考虑关于物理力学的假设。根据粒子物理学，基本粒子之间的力（或相互作用）分为四种：电磁力、弱力、强力和引力。

已经被证明的是，前三种力（即电磁力、弱力、强力）是现有粒子起到了中介作用。然后，将产生一个新的假设如下。

电磁力：光子

弱力：W、Z 玻色子

强力：胶子

引力：假想的玻色子称为引力子（假设）。

也就是说，四种力具有相似的结构，粒子和它们之间的关系（即相互作用）构成了力的假设的组成部分。然而，在引力作用下，作为组成部分的粒子直到现在还未知。如在其他三种力中，暂时称为引力子的粒子被预测作为其组成部分存在于引力中，并且作为中介实现引力。一些理论推测，引力子不是粒子而是弦。

顺便说一句，通过分析在欧洲核子研究中心使用粒子加速器超过 1 千万亿次的质子－质子碰撞实验所做的结果，人们已经以很高的概率证实了一个希格斯玻色子的存在，它一直被预测为宇宙中所有物质的质量之源。此后，希格斯玻色子的存在经过了更多的实验数据验证，两位曾独立预言它存在的物理学家希格斯和恩格勒特于 2013 年获得诺贝尔物理学奖。这毫无疑问是大数据应用的成功范例之一。

此外，尽管本身不是类比，但却可以考虑基于类比推理构造假设的方法。也就是说，在某个领域中已被确认正确的命题，可以通过概括或专门化它的一部分来创建新命题。

3.4.8　传递定律

此外，通过演绎推理的传递定律也可以用于构建假设。

$(A \Rightarrow B)$ 且（$B \Rightarrow C$）

$A \Rightarrow C$

然而，这里的传递定律并不用于命题的证明。相反，一个新的假设的构造，是通过将传递定律运用到两个或更多已构建好的假设中。此外，假设的数量可以增加，可以通过替换命题的一部分或全部来实现，前提是已经解释的可信命题，并将传递定律应用其中。例如，在假设两个变量之间存在任何间接影响的情况下，加入一个假设来验证变量间任何可能的直接影响，是传递定律应用的一个例子。

本章中解释的各种推理形式适用于基于观察数据或通过转换现有假设构建新假设的情况。此外，可以在这种假设构建中使用可信推理以及基于严格三段论的推理。应使用哪些形式的推理取决于根据目的用于分析的具体技术。不管使用哪种分析方法，都可以基于大对象之间的关系（即概念之间的影响关系）来构建假设，这也是因果关系和变量间相关性的扩展。

3.5　假设的粒度

在本节中，我们将描述假设的粒度或其抽象级别。

多变量和数据挖掘中的假设主要基于数据变量之间的关系。它们通常是在相同的大对象或相同的大数据源内的假设。另一方面，大数据应用通常涉及两个或更多大数据源。因此，与整个应用相关的假设是基于异构大对象之间的关系。

相同大对象内的假设构建通常是基于其中所包含数据变量之间的相关性。从这个意义上讲，涉及相同大对象的假设（即对象内假设）被称为微观假设。另一方面，涉及异构大对象的假设构建则是基于数据数量（即聚集数）之间的相关性，而不是基于数据个体变量之间的相关性。从这个意义上讲，对象间假设被称为宏观假设。宏观假设自然比微观假设更抽象。

在宏观假设的构建中，首先要考虑的是，发现一组异构大数据源作为相关性的涉及者。发现相互关联的数据源的任务是基于异构数据源数据之间的相似性。计算这些相似性所需的候选属性是常见的属性，如时间、地点、意义，这些可以将异构数据间广为关联。要发现异构大数据源之间的关系，需要从其他源中检索一个数据源，或者使用如普遍要点之类的属性，同时检索所有的。如果所有异构数据源包含语义，那么应首先将每个数据源的数据集群，接着基于语义跨越异构数据源集群这些结果，这样才可以有效地发现它们之间的关系。

请注意，除了某些大数据应用中的通用关键属性之外，还可以使用关系数据库中的连接键和面向对象数据库中的对象标识符。然而，即使可以逻辑性地描述这样的连接谓词，也并不总是能够有效地对大数据执行相应的操作。

让我们考虑基于对物理现实世界数据（例如交通数据）和社交数据（例如 Twitter 文章）综合分析的大数据应用。在这种情况下，物理现实世界数据缺乏语义信息，而社交数据包含语义信息。首先，通过将物理现实世界数据中的突发或异常值作为一个大数据源（例如，车站乘客的数量）来作为有意思的异常（例如，地铁中的交通拥堵的原因）进行观察。接下来，通过使用异构大数据源公共的信息（例如时间和地点，即通用连接键）来检索作为另一大数据源的社交数据（例如，Tweets）。将文本挖掘应用于检索到的数据中，并将分析者感兴趣的事件（例如，作为拥堵原因的流行偶像团体的演唱会）揭示为结果。然后更精确和定量地分析事件和拥堵之间的因果关系。作为基于分析结果的可能场景，通过监视类似事件的数据（例如，同一团体组织的演唱会）来执行广义的推荐或优化（例如，缓解拥堵的措施）。

请注意，异构社交数据（如 Twitter 和 Flickr）之间的关系可以通过基于语义相似性对它们进行的聚类来发现，因为它们都包含语义。

微观假设的构建和分析需要用到数据挖掘和多变量分析。另一方面，宏观假设的构建和分析则需要一个用于描述和分析大数据应用的集成框架，特别是如本书所提出的，以大对象模型作为框架的主要功能。

3.6 对假设的重新审视

笔者再次禁不住，但又很犹豫是否要对不预先构造任何假设的情况做个分析。在这里，笔者想思考一下假设。数据分析通常通过以下两个步骤来构建和确认假设：

（步骤一）假设变量之间存在系统或全面的关系，用收集的数据创建、分析和确认一个假设。

（步骤二）如果在基于步骤一的结果的假设中发现伪关系，则删除它们。然后，通过使用收集的数据来创建并再次确认新的假设，尽管原则上不需要重新收集数据。

这里，在步骤一中创建的假设被称为弱假设，而在步骤二中创建的假设则被称为强假设。当然，作为假设两者在结构或意义上都是相同的。

弱假设和强假设分别对应于探索性数据分析中的假设和验证数据分析中的假设。并且确认弱假设所需的计算成本明显高于确认强假设所需的成本。一般来说，这种差异在大数据中往往会被进一步扩大。

在诸如并行计算机集群之类的硬件平台之上工作的（如 Hadoop 的软件）平台，可以减少整体计算成本或处理时间。因此，在大数据时代，存在着进行上述两个假设构建和确认步骤的理由。

最后对数据采集做一些说明。在大数据时代，许多情况下已经收集和积累了商业数据和科学数据。社交数据，特别是不仅是在其生成期间，而且在此之后，都可以通过抓取或使用 Web 服务 API 从 Web 站点收集。然而，仍需足够谨慎和努力地尽量收集相关的数据。

另一方面，物理现实世界数据（例如日常事件）在许多情况下消失了，除非它们会被应用端有意识地记录下来。也就是说，信息系统当然需要通过某种手段，在系统外存储这种物理现实世界数据。

换句话说，自我们进入大数据时代以来，假设的定位已经大大改变。在前大数据时代，我们首先要构建一个假设，之后，为了确认假设，收集所必需的数据进行实验和观察。另一方面，有必要在分析之前选择、清理和变换所存储的数据中的适当部分。这些任务对应于大数据时代中真正需要的数据收集。这将提高数据的质量和所构造的假设的结果。而由分析者预先创建的假设，或者从终端用户提取的兴趣（即过早假设），则会有助于分析者适当地选择预先收集的数据。

参 考 文 献

[Abduction-SEP] Abduction-SEP (Stanford Encyclopedia of Philosophy) http://plato.stanford.edu/entries/abduction/accessed 2014

[Amazon Mechanical Turk 2014] Amazon Mechanical Turk: Artificial Intelligence https://www.mturk.com/mturk/welcome accessed 2014

[Cho 2012] A. Cho: Higgs Boson Makes Its Debut After Decades-Long Search, Science 337(6091): 141–143 (2012). DOI:10.1126/science.337.6091.141

[Hamza et al. 2011] T.H. Hamza et al.: Genome-Wide Gene-Environment Study Identifies Glutamate Receptor Gene GRIN2A as a Parkinson's Disease Modifier Gene via Interaction with Coffee. PLoS Genet 7(8): e1002237 (2011). doi:10.1371/journal.pgen.1002237

[Hey 2009] T. Hey: The Fourth Paradigm: Data-Intensive Scientific Discovery, Microsoft Press (2009).

[Jaynes 2003] E.T. Jaynes: Probability Theory: The Logic of Science, Cambridge University Press (2003).

[Kline 2011] R.B. Kline: Principles and practice of structural equation modeling, Guilford Press (2011).

[Polya 1990] G. Polya: Induction and Analogy in Mathematics (Mathematics and Plausible Reasoning, vol. 1), Princeton University Press (1990).

[Polya 2004] G. Polya: How to Solve It: A New Aspect of Mathematical Method, Princeton University Press (2004).

[Sheng et al. 2008] V.S. Sheng, F. Provost and P.G. Ipeirotis: Get another label? improving data quality and data mining using multiple, noisy labelers, Proc. the 14th ACM SIGKDD international conference on Knowledge discovery and data mining, pp. 614–622 (2008).

第4章 社交大数据应用

在本章中，我们首先将从交互的角度分清社交媒体和普通网页的区别。然后，将基于特性来描述各类社交大数据应用，从企业使用（即，商业使用）的角度而不是从个人使用的角度看，似乎有希望。此外，通过使用先前介绍的 MiPS 模型以及分析场景和所需任务来描述假设的示例。

4.1 普通网页与社交媒体之间作为分析主体的差异

在讨论社交媒体的应用之前，我们将通过关注各个用户的性质来讨论社交媒体和普通网页（即表面网络而不是深层网络）之间的区别。

如下所述，在普通网页和社交媒体中，用户和系统交互的类型有很大的区别。在社交媒体和普通网页上，可用于分析的数据类型因交互类型的不同而不同。

首先，考虑普通网页的交互。普通网页的用户可大致分为终端用户和网站管理员。在普通网页上，管理员明确处理内容的创建、修改和删除。另一方面，终端用户的交互则主要是浏览网页，同时网站也会记录用户的点击流作为用户的访问历史。实际上，在一些网站上也可以通过一些类型的表单记录其他动作，如输入的搜索条件。然而，需要用户账号或者允许用户查询后台数据库的网站，而这是深层网络（deep Web），而不是表面网络（surface Web）。简言之，终端用户匿名，因为他们不能仅从 IP 地址标识。因此，对于普通网页分析，网站内外的网页和链接作为显示关系，而用户的点击流作为隐式关系，都很重要。基本上只有网站管理员可以使用访问历史。

另一方面，在社交媒体中，除了管理员之外，还有可通过账户名识别的显式用户（explicit users）。其他用户也可访问用户的个人资料。通过社交媒体网站，用户可以进行各种交互，包括浏览和创建社交数据。作为这种交互的结果，主要内容（如文章和照片）和次要内容（如标签或评价、访问历史）形成了社交数据。随着时间的推移，形成了用户间、站内内容间、站间内容间、用户和内容间的关系。除了由用户直接或间接创建的内容之外，以这种方式创建的多样化历史和关系是社交媒体中的重要分析主题。社交媒体不同于普通网页之处在于，社交媒体网站的 Web 服务的 API 提供了大部分的数据。

注意社交媒体系统和用户的交互，此类系统的一个典型配置如图 4.1 所示。为便于比较，普通网页的配置放在图 4.2 中展示。

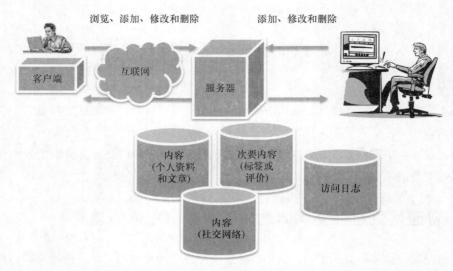

图 4.1　用户与社交媒体的交互

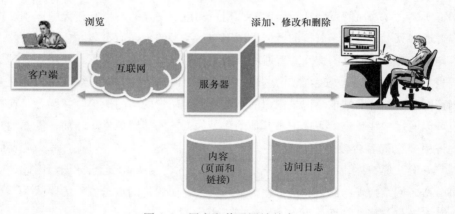

图 4.2　用户和普通网站的交互

4.2　基于要素的社交媒体应用分类

通常，Web 挖掘按照关注页面、链接和访问历史分别分类为内容挖掘、结构挖掘和使用挖掘。类似地，社交媒体的各种应用（任务）也可以根据所观察到的社交媒体要素，即内容、结构（关系）和访问历史，来分类。也就是说，社交媒体的企业应用可以大致分为以下三个类别，这取决于分析者观察到的是社交媒体的哪些要素。

（1）基于内容分析的应用

这个分类的应用包括以下内容：

- 分析用户对某些产品和服务的情感和声誉
- 发现用户对某些产品和服务的抱怨与改进想法
- 调查用户对尚不存在的产品和服务的愿望和需求

此外，如果还可以使用用户个人资料，则在分析时可以进行更详细的分析。

（2）基于结构分析的应用

结构包括内容之间的关系、用户之间的关系，以及它们各自之间的关系。一些应用程序可以从社交媒体发现信息并利用它们，集中于这三个关系中的一个或任何组合。这些应用包括以下内容：

- 发现和使用类似的内容
- 发现和使用由类似用户组成的社区
- 发现和使用具有影响力的用户

诸如产品或服务推荐的广告和营销可以被认为是基于所发现内容、社区和用户的应用。在发现相似内容时，不仅应该观察内容本身的特征，而且还应该观察内容用户的相似性。使用用户个人资料还可以提高发现的准确度和这些应用的使用质量。

（3）基于访问历史和变化分析的应用

基于内容和用户的动态分析的应用包括如下内容：

- 衡量营销效益
- 发现和使用（预测）特定事件以及它们之间的因果关系
- 发现新趋势、需求和热点

使用用户个人资料还可以提高预测的准确性以及发现的概率。

4.3　基于目标的社交媒体应用分类

参考一本关于社交数据挖掘的书［Graubner – Mueller 2011］，本节将解释基于社交媒体分析的有前途的商业领域，也包括上述应用。

由于商业流程中的每个步骤都可被视为对应于特定目标的，因此应用可按照目标一一列举。通常情况下，商业应用并不违背个人利益。相反，许多情况下，通过提供改进的服务和产品，这种应用对于用户而言是有用的。

此外，考虑到有用性，使用普通网页的应用也在参考之列。请注意"＊"表示应用主要使用普通网页，"＋"则表示应用使用普通网页和社交媒体。

（1）研究与开发

- 趋势跟踪：对社交媒体上用户经常描述的特定主题，以及具有潜在价值的隐含主题进行趋势调查，以便探索新产品开发的商业环境。

- 消费者行为分析：针对产品、产品类别和品牌来调查消费者的需求、意愿、倾向和动机。既然在一般大众中，不管用户有没有购买产品，他们关于产品、产品类别和品牌的意见在社交媒体中都会有所讨论，那么这种分析对于已有产品的改进和新产品的开发就是有用的，它符合潜在需求。

- （＊）技术情报：当一个公司要开发新产品时，可以依靠 Web 上的专业技术信息库（如专利数据库和数字图书馆）进行相关技术的趋势调查。这相当于以前的对竞争对手的研究，或产品研发的潜在价值的探索性研究的调查。

（2）市场营销和销售

- 产品和品牌形象分析：分析具体产品和品牌的声誉、人气和意见。实际上，这些可以通过售后调查获知。然而，社交媒体上有消费者的动机和相关评论，更有潜在消费者的原因和看法，这些数据的分析也有助于加强和改变当前的销售策略。

- 活动评价：由于面向消费者活动的影响，在社交数据中有消费者对它的描述。通过分析这种社交数据，可以衡量和优化营销效果。
- 社区与意见领袖的发现：如果在社交媒体上发现和某个产品有关的社区，则它将是产品的宣传目标。此外，如果能够发现在社区中具有巨大影响的意见领袖，则可以通过在营销中使用包括已发现的意见领袖的渠道来影响其他顾客。

（3）分销

- （+）选址与选址规划：某区域的大多数信息以及该区域内的顾客、竞争对手已经由地理信息服务在网络上发布。另一方面，社交媒体数据上也可能描述了该区域或竞争对手的声誉。通过整合这种碎片信息，准确选择前景好的地方开一家公司的新店是可能的。

（4）顾客服务

- 产品推荐：诸如特定商品销售历史这样的数据，一般会存储在内部数据库中。另一方面，社交媒体数据中描述了产品的等级和声誉，以及它和其他产品的关系。统一这种数据以便推荐产品，从而提高相应产品的顾客转化率。
- 顾客反馈分析：通过给购买产品的客户发问卷调查获取正式的顾客反馈。社交数据上描述了一些不满、改进建议以及意想不到的想法，可看作非正式的顾客反馈。分析这种反馈可帮助改进产品。

（5）采购

- （＊）内容采集：通过每个网站的 Web 服务 API 获取两个以上网站的同一类别数据（如产品、服务和新闻），并聚合成统一结果。
- （＊）供应商和价格监测：以综合的方式监测两个以上网站，以便比较有效地供给各部件的供应商和价格。

（6）风险与公共关系管理

- 投资者情绪分析：通过分析社交媒体数据来收集和分析关于特定公司的投资者的情绪是可行的。
- 欺诈检测：通过监控文件共享相关网站（如 BitTorrent 网站），预期发现对公司造成威胁的问题（如侵犯版权）。
- （+）媒体情报：在普通网站、社会新闻和社交媒体上的公司传闻中收集和分析特定公司的主流新闻，以便进行客户关系管理。特别地，如果在早期发现了公司的负面新闻，可采取措施，以便使情况不会变得非常严重。

（7）战略管理

- （＊）竞争性和利益相关者分析：为了监视和分析竞争对手和利益相关者，进行基于数据的调查和分析，如官方网站或其他网站上公布的管理信息和新闻。

（8）人力资源管理

- 雇主声誉：根据社交媒体的分析调查来作为雇主单位的公司的声誉。
- （＊）劳动力市场情报：根据招聘网站的数据分析，调查与公司有关的劳动力市场。

4. 4　通过 MiPS 模型描述模型

在本节，我们将会具体考虑社交媒体和真实物理世界间的交互，并描述性地给出了关于社交大数据应用的分析方法的特征，这也是本书的关注点。

真实物理世界中的事件包括人为事件（如生产者发布一个新产品到市场）和自然现象（如某地发生的地震）。此外，关于它们的新闻可看作外界事件。因此，这些事件以不同形式构成了真实物理世界中的数据。

另一方面，个别事件（如顾客购买特定产品）也是一种事件。然而，许多情况下这种事件仅仅被描述为社交数据。即使事件的详情被存储在某些数据库（如企业数据库）中，也不可能从系统外部访问。如果顾客在真实物理世界中受到了事件的任何影响，他们就会给出描述社交媒体中事件的评论、声誉和反馈。如此，便形成了社交数据。

称为 MiPS 模型的元分析模型包括以下模式作为其基本模式。由于 P 和 S 是模式，所以在这里用大写字母表示（见图 4.3）。

在具体应用的模型中，由这些模式的实例或它们的组合来描述交互。特别是社交媒体和真实物理世界之间的互动是从诸如因果关系、相关性和伪相关性之类的影响关系的观点来建模的。这里将讲解在这种分析中如何分析交互和所需任务的一些指导。下面的讨论将从假设的简单例子开始，并进行到更复杂的例子。

4. 4. 1　简单例子

首先，将描述包括社交数据（S）在内的特定假设，着重于简单的情况。以下简单的假设（用记号 Hs 表示）被认为是这种示例（见图 4.4）。

- （Hs1）在制造商将其新产品推向市场（p）之后，购买该产品的顾客在社交媒体中描述其声誉。$p \Rightarrow s$
- （Hs2）在地震发生后（p），实际经历地震的人在社交媒体中描述了他们自己的经历。$p \Rightarrow s$
- （Hs3）在购买产品的顾客自愿在社交媒体中给出正面积极评价后（s），产品开始销售良好（p）。$s \Rightarrow p$
- （Hs4）通过呼吁人们借助社交媒体的方式来提出抗议（s），人们开始聚集抗议（p），进而在社交媒体中发表评论（s'）。$s \Rightarrow p \Rightarrow s'^{*}$ ｛循环｝
- （Hs5）只有在社交媒体中才有关于某个主题的热烈讨论（s）。$s \Rightarrow s^{*}$ ｛循环｝

小写字母 p 和 s 分别表示类 P 和类 S 的实例。通常，由于存在两个或更多类似的实例，所以它们对应于一组实例。

从社交大数据的商业应用角度来看，包括以下交互的应用尤其被认为值得分析。
- 商业事件（真实物理世界数据）引发社交媒体帖子的情况，（如 Hs1）
- 反之，社交数据引发真实物理世界数据的情况，（如 Hs3）

另一方面，事件与商业较少相关的情况（如 Hs4）和不涉及真实物理世界数据的情况（如 Hs5）是从政治或社会科学的角度分析的有趣主题。然而，这种情况在本书中将不再讨论。

文本挖掘是分析我们的兴趣（如 Hs1、Hs2 和 Hs3）的假设所需的任务之一。下面将

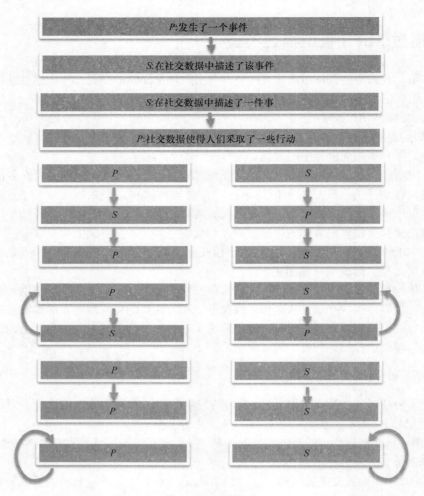

图 4.3　基本模式

解释其在社交大数据中的应用重点。

（1）主题检测

首先，有必要从社交内容中提取关于实体（即主题）的信息，例如，产品（Hs1）和地震（Hs2），以便分析关于这些实体的评论。在这种情况下，重要的是提取关于实体的各种信息，例如信息源和对现象的反应，即，除了关于实体本身的信息之外，用户在何时，何地，对实体做了什么，以及如何做。特别地，与 Twitter 一样，所有这样的相关信息不一定被描述为一个推文（即一篇文章）。因此，有必要从包含在用户的时间线的推文中识别与某个实体相关联的一组连贯的推文。然而，这组推文在时间线上不一定会连续出现。也就是说，由于各个主题在相同的时间线上交叉，因此有必要识别连贯集，注意相关文章之间的时间滞后。

此外，关注于社交数据的动态状态的方法有望用于检测那些事先并不知道的与话题相关的事件。关于事件，例如，文章的数量可能会随时间或空间（即地理上）改变，并且用

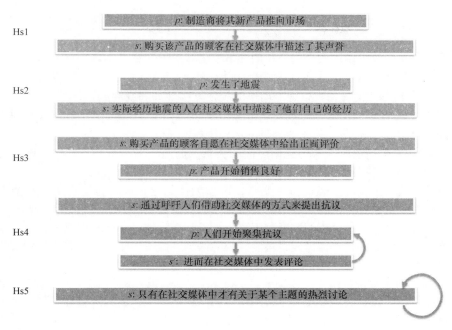

图 4.4　简单例子

户之间的关系也可能会快速变化。对这种动态的分析使得分析者能够知道某些事件已经发生，并且能够将与该事件相关的主题作为结果识别出来。

（2）文章重要性评价

在分析声誉（如 Hs1）或口碑（如 Hs3 时），有必要对被描述为社交数据（即文章）的主题相关内容应用文本挖掘，以便评估数据的重要性和相关性。此外，在社交数据的文本挖掘中，除了定量分析之外，使用定性分析也很重要。

为了评价文章对事件的重要性和相关性，关注内容所包含术语的情感倾向（即从正值到中性再到负值的值）是有效的。也就是说，如果需要的话，可以根据内容中所包含的术语将内容机械地变换成连续变量、定序变量（即意见和声誉）或定类变量（即产品类别、活动参与、行动类型）。特别地，与意见和情绪相关联的定序变量的值可以通过使用包含词语情感倾向的情感倾向字典来确定。定性变量，例如定序变量和定类变量，其定量处理参考量化理论［Tanaka 1979］，我们会在下面进行概述。

首先，叙述处理定序变量的一般方式。

• 二值定序变量被视为具有 0.0 或 1.0 作为其值的连续变量，并按原样处理。

• 对于值多于两个等级（例如：＋＋，＋，0，－，－－）的定序变量，通常使用 Likert 量表。

假设潜在变量，按照标准正态分布有连续值，则认为该变量仅出现在五个等级中。

定类变量的转换方法如下所述：

• 二值定类变量可像二值定序变量一样处理。

• 多值定类变量的处理如下：

首先，假设定类变量 A 有 n 个类别 $C_i(i=1,2,\cdots,n)$。

引入 N 个虚拟变量 A_i（$i = 1, 2, \cdots, n$）。A_i 是二值变量，具有如下的值。

如果 $A = C_i$，那么令 A_i 为 1，否则令 A_i 为 0。

如此，定类变量可以用两个为一组的变量或更多二值变量表示。

此外，当社交内容包含具有情感倾向的两个或更多词语时，可以考虑以下方法。

- 词语的情感倾向评估可以通过简单的统计方法（如和或均值）汇总。

- 作为上述方法的变形，通过使用向量空间模型中的 TFIDF 作为权重来对词语的情感倾向评估取均值。

- 在评估一组词语时，考虑它们之间的关系。例如，将"价格不高""价格高"和"精度高"分别评估为正、负和正。

以这种方式，由于可以假设所有变量，所以无论是定量的还是定性的，都能取连续值，基本上可以定量分析内容。

然而，足以用于定量分析的数据并不总是可以收集到的。在这种情况下，有必要定性分析单个文章，仔细将文本翻译成尽可能客观的语句或数值。此外，还需要根据应用来创建定性分析的假设。

（3）客观和主观观察

在实际应用中，有必要处理关于自然现象的两种观测值，例如地震和天气。因此，观测值包括客观值（例如，由装置测量的地震强度和温度）和主观值（例如，人感觉到的地震强度和温度）。总之，这两种数据分别对应于真实物理世界数据和社交数据。因此，有必要通过彼此之间的关联来分析它们。通常，我们认为后一种数据比前者更重要，因为它们对于用户更加本土化和现实。此外，它们具有更高的可能性来直接导致用户的行动。

（4）说明语言

在通常的应用中，仅使用同一种语言（例如日语）描述的一组社交数据作为分析的目标就足够了。然而，一些应用程序旨在发现语言间的差异。在这种情况下，当然有必要去分析一下用不同语言描述的社交数据。

例如，根据笔者的研究［Ishikawa 2014］，外国游客在日本经常参观的地方不一定与日本人经常参观的地方一致。我们通过指定不同语言拼写出的东京的主要地名作为搜索条件来收集推文。我们计算了每种语言中每个地方发表的推文的频率，并为每种语言排名。因此，我们可以知道在使用特定语言的人群中受欢迎的地方的排名（见图 4.5）。此外，通过关注用户的账号和时间，我们还可以发现外国游客的热门观光路线，所谓的黄金路线。

图 4.5　语言、时间与空间

4. 4. 2　更复杂的例子

在本节中，我们将描述更为复杂的假设（用记号 Hc 表示），它结合了上述两个简单假设（见图 4.6）。

图 4.6　更复杂的情况

- （Hc1）在制造商将其新产品推向市场（p）之后，社交数据中出现了用户描述的对该产品的响应，如要求（s）。此外，这些要求使制造商改进产品（p'）。$p \Rightarrow s \Rightarrow p'$
- （Hc2）在制造商进行新产品的宣传（p）之后，购买该产品的用户在社交数据中描述了他们对新产品的使用和评价（s）。此外，由于这些文章的发布该产品开始销售良好（p'）。$p \Rightarrow s \Rightarrow p'$
- （Hc3）在一篇关于吃西红柿是有效抵抗代谢综合征的措施的学术论文发表在学术期刊上（p）之后，了解它的人在社交数据中引用它（s）。从那之后，在社交媒体文章的影响下，西红柿在市场上开始销售良好并且缺货（p'）。$p \Rightarrow s \Rightarrow p'$
- （Hc4）酸奶对预防流感有作用的研究成为新闻（p），并且用户在社交数据中引用该新闻（s）。然后酸奶生产者根据社交媒体文章，增加了酸奶产量（p'）。$p \Rightarrow s \Rightarrow p'$
- （Hc5）当温度突然下降（p）之后，在社交数据中发出"天气冷"的用户数量增加（s）。由于社交媒体文章，冬季服装突然开始好卖（p'）。$p \Rightarrow s \Rightarrow p'$

为了分析这些假设，我们至少需要挖掘自然语言文本和发现因果关系。下面将分析解释场景。

（1）定性分析

如果社交媒体上有对产品的要求（如 Hc1 中的例子），则重要的是判断产品是否应该基于这些要求来改进。在这种情况下，应该将内容的情感倾向分析作为出发点。然而，社交媒体文章中引起改进的类似要求可能并不总是很频繁。而且，这样的文章也可能是某种类型的异常值。因此，在这种情况下，仅基于类似的低频文章的分析是不够的。相反，这种文章的定性分析比定量分析更实用。

（2）定量预测和调解效应

有必要判断利用社交媒体预测现象的有效性（p'）。在 Hc2、Hc3、Hc4 和 Hc5 的例子中，社交数据对应于中介大对象，它是对多变量分析中中介变量的扩展。为了保持这样的关系，有必要检查多少社交数据会促进销售（p'）。如果可以确认因果关系的任何存在，则该关系可以如下使用：如果在相同社交媒体中作为传感器的、具有影响力的用户，他所提交的新文章中可以观察到看似的潜在变量（p），则可以预测将来发生的事件（p'）。

此外，有时需要考虑直接影响另一事件（p'）的事件（p）的可能性。例如，在 Hc4 的例子中，可以认为酸奶对流感的预防效果的消息直接导致了酸奶产量的增加。在这种情况下，有必要综合考虑真实物理世界中的直接效应和社交媒体中的间接效应。

（3）情感倾向分析

如已经描述的，一般来说，需要基于内容本身的情感极性值来执行文本挖掘，以用于分析由内容所包含的要求或情感。通过从内容中提取信息来发现作为信息源的学术期刊和新闻。特别地，为了预测用户行为需要分析对应客观观测值（例如，温度）的主观观测值（例如，热和冷）。

此外，为了找到关于特定主题或其贡献者的主要文章，可以评估和使用文章与主题的相关性，其贡献者对其他用户的影响以及关于该主题的文章预测的准确性。

（4）开放获取期刊

最近，开放获取期刊［Laakso et al. 2011］得到了很多关注，因为它允许每个人自由访问文章。通常，它的审稿时间比常规学术期刊的短。因此，科学发现可以更广泛和更早地被人们所认识。因此，这些科学发现在社交数据中也会被更频繁地引用。这一事实部分提高了社交数据在构建假设中的可用性（如 Hc3 中的例子）。

相比传统期刊，在开放获取期刊中，我们可以更早获取的不仅有阅读次数和下载次数，而且还有引用的论文。笔者和笔者的同事已经进行了初步实验，以确保有可能仅基于观点的时间序列数据和论文下载［Ishikawa 2014］的相似性就能发现高引用的论文（如，90 篇以上引用的论文，HC）。首先，我们从公共科学图书馆（Public Library of Science，PLoS）收集了 48261 份样本文件和三个月来的下载数据。接下来，我们应用动态时间扭曲 CF 树方法（可伸缩聚类方法 BIRCH 的扩展），以便对收集的数据进行聚类，并找到包含大量 HC 论文的集群。事实上，该集群包含了整个样本文件中 97.74% 的 HC 论文（即 389 篇论文）。这表明，通过使用仅三个月的下载历史，至少有 97% 的置信度发现高引用论文。

虽然这是一个简单的情况，其中假设由 p（发布）$\Rightarrow p'$（下载）和以 p 作为常见原因 $\Rightarrow$ p''（引用）组成的，其独特之处在于，该案例利用了与开放获取期刊相关联的高速发布（见图 4.7）。

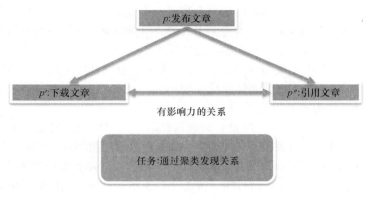

图 4.7　常见的原因

4.4.3　伪相关关系

在本节中，我们将考虑包含伪相关关系作为除因果关系之外的影响关系的假设（见图 4.8）。

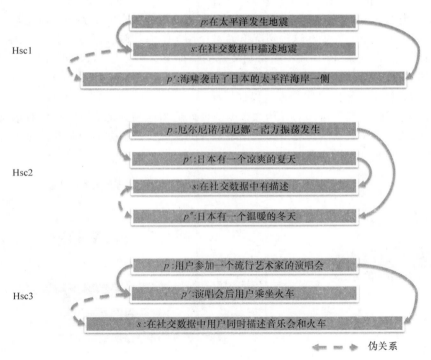

图 4.8　包括伪相关的情况

- （Hsc1）在太平洋发生地震（p）之后，用户立即在社交数据中描述地震，然后海啸以高概率袭击了日本的太平洋海岸一侧（p'）。$p \Rightarrow p'$（$p \Rightarrow s$）
- （Hsc2）如果发生厄尔尼诺现象（p），则日本将有一个凉爽的夏天（p'），并将在社交数据中有描述（s），接着日本将有一个暖冬（p''）。$p \Rightarrow p' \Rightarrow s$（$p \Rightarrow p''$）

● （Hsc3）如果人们参加一个流行艺术家的演唱会，那么他们中的大多数人会乘坐火车，并会在社交数据上描述他们对演唱会的感受。$p \Rightarrow p'$（$p \Rightarrow s$）

下面将解释处理这些假设的方法。这里，我们将会描述伪相关的下面应用，在典型的多变量分析中发现因果关系时应当谨慎地处理。

（1）社交数据作为实时传感器

在 Hsc1 的例子中，现象 p 是现象 p' 的直接原因。换句话说，现象 p 成为现象 p' 的标志。因此，这种因果关系需要被精确地确定。如果可以通过使用社交数据作为该值的传感器来挖掘观察值（p），则可以预测现象 p'。由于 p' 是自然现象，所以当然没有从 s 到 p' 的严格因果关系，尽管在 s 和 p' 之间可能保持伪相关关系。此外，在该例子中，从 p 到 p' 的因果关系发生的时间非常短。如果可以接近实时地监测 s，即使用户不知道地震真的发生（p），监测值也可以用作海啸（p'）的紧急疏散报警。虽然有正式的海啸警告，当然，警告不是总能在人们可以逃避海啸之前传给他们的。不用说，对于地震，获取精确信息（例如，地震的震中、大小和时间）以及这些信息的来源，是先决条件。

（2）社交数据作为未知现象的传感器

在 Hsc2 的例子中，现象 p 是现象 p'（或社交数据 s）和现象 p''的常见原因。这种因果关系需要以类似的方式严格确定。虽然在 p' 和 p''之间可能没有因果关系，但是至少在它们之间保持伪相关关系。如果在这种情况下通过使用 s 作为其传感器可以获取观测值（p'），则可以预测 p''。在现象（p）还不是特别清楚的情况下，可以使用这种伪相关关系，虽然它不普遍但却具有限制性。

（3）搜索社交数据的真实物理世界数据原因

如已经讲述的，如果这样的异构大数据源彼此适当地相关，则可以在具有语义的社交数据中发现没有语义的真实物理世界数据中事件的原因。某些类型的服务优化可以通过使用以下结果来完成（见图 4.9）。

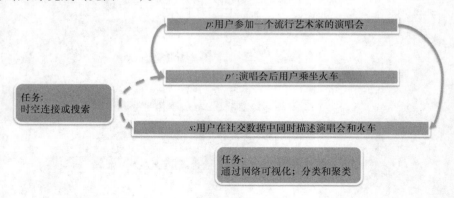

图 4.9 伪相关的部署

在铁路网络发达的日本，参加流行音乐演唱会的人们会在演唱会结束后回家，他们大部分在最近的车站乘坐火车。结果，我们会通过他们的 IC 卡发现真实物理世界的乘客数量（p'）迅速增加。此外，在社交数据中许多参与者描述他们对演唱会以及拥挤的车站的看法（s）。因此，这类帖子的数量会迅速增加。另一方面，那些负责铁路运输业务的人则会对任何一个能导致乘客人数迅速增加的原因感兴趣。在这种情况下，通过在相同时间段（例如，拥塞时段）收集和分析关于相同地点（例如，拥挤车站）的一组文章来注意伪相关，数量突然开始爆发，可以在其中找到演唱会参与者发布的文章，并从中获得相应的用户的兴趣（例如，流行音乐会），这也是 s 和 p′ 的常见原因。

接下来，通过监测相关网站主页上安排的类似音乐会，并作为信息来源，铁路公司可以提前采取措施预防火车或车站拥堵。它们包括一些优化，例如通过公共宣传将乘客有效分流到两个或更多的车站，或使用其他交通工具。这可以被认为是，积极地使用真实物理世界数据和社交数据之间伪相关性的有希望的示例之一。

在这种情况下的社交数据除了在车站的那些之外还包含在演唱会现场的拥堵。为了预测交通中未来发生的拥塞，有必要通过对基于伪相关收集的社交数据应用分类或聚类来精确地获取与交通相关的拥堵［Ishikawa 2014］。

在此对应用伪相关做一些说明。在许多情况下，伪相关包含时间和空间信息。在这种情况下，可以通过为 SQL 中的 θ – join 指定空间或时间数据上的条件来逻辑地描述伪相关。然而，实际的实现需要各种合适的方法，因为待比较数据的单位（如粒度）或位置（如内容或标签）可能因应用域而不同。通常，可以基于排序或散列来找到异构非流数据的对应部分。在异构流数据的情况下，可以使用一种方法，通过使用诸如除了空间和时间信息之外的数据突发或语义信息来识别一个流数据的子集，并且通过使用之前数据流所识别的子集中提取的空间或时间信息作为条件来过滤其他数据流。

4.5　展望

这里我们将描述引入综合分析框架后预期带来的前景。通过建立和传播引进的框架（见图 4.10），不但同一部门能够自然产生和使用他们自己的大数据，而且另一些部门也

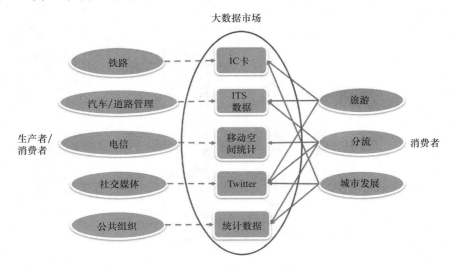

图 4.10　动态产业结构

将能够分析和配置其他部门已产生的大数据。如果形成大数据自由市场，且公共部门的大数据也能广泛开放，那么大数据的布局和部署就将会加速。此外，大数据将介于不同部门之间，并将产生工业结构动态变化的可能性。最终，将在整个社会建立起先进的知识或智慧。

参 考 文 献

[Graubner-Mueller 2011] A. Graubner-Mueller: Web Mining in Social Media, Social Media Verlag (2011).

[Ishikawa 2014] H. Ishikawa: social big data science: from transaction mining to interaction mining (invited talk). In Proc. Korea-Japan Database Workshop (2014).

[Laakso et al. 2011] M. Laakso, M. Laakso, P. Welling, H. Bukvova, L. Nyman, B.-C. Björk, T. Hedlund: The Development of Open Access Journal Publishing from 1993 to 2009. PLoS ONE 6(6): e20961. doi:10.1371/journal.pone.0020961 (2011).

[Tanaka 1979] Y. Tanaka: Review of the Methods of Quantification, Environmental Health Perspectives 32: 113–123 (1979).

第 5 章　数据挖掘中的基本概念

本章介绍数据挖掘的基本概念、典型任务，以及作为数据挖掘目标的基本数据结构。

5.1　什么是数据挖掘

首先，数据挖掘是社交大数据分析中用作构建假设的主要技术，这里将对其基本概念 [Han et al. 2006，Tan et al. 2006] 进行简要描述。简而言之，数据挖掘就是发现应用程序使用的大量数据中出现的频繁模式和有意义的结构。其主要技术（如多变量分析），可用于验证社交大数据中的假设，我们将在单独的章节中解释。

数据挖掘的基本技术之一是关联规则挖掘，也称为关联分析。它是发现业务应用程序中使用的结构化数据之间频繁的共现，这些结构化数据通常由数据库管理系统（Database Management Systems，DBMS）（例如关系数据库系统）管理。因为这个目的，在许多情况下使用 Apriori 算法。例如，关联规则挖掘发现，在一组项目（如，购物车中的内容，即顾客在类似超市的零售商店里在相同时间内所购买的商品）中组合项目频繁共存。由算法从频繁组合项目发现关联规则。基于关联规则，许多应用系统通过修改它们的设置来推荐项目组。关联规则挖掘被扩展并应用于产品购买历史和网页点击流历史，以便发现系列数据的频繁模式。特别地，挖掘历史数据被称为历史数据挖掘。

另一方面，基于其类（即，类别）预知的数据来训练分类器。然后，如果有新数据，则通过使用训练好的分类器来确定它们所属的类。这个称为分类的任务是基本的数据挖掘技术之一。朴素贝叶斯和决策树可用作典型的分类器。分类可用于各种应用，例如确定有希望的顾客，检测垃圾邮件和确定科学或医学中新标本的类别。确定连续值（如温度和股票价格）也称为未来价值预测。预测需要诸如回归分析的方法作为基本方法或多变量分析作为更高级的方法。实际上，这些分析方法已经或多或少地独立于数据挖掘而开发。然而，在本书中我们认为它们是数据挖掘的一种扩展，并将它们作为社交大数据挖掘的关键技术之一分别进行叙述。基于两个或多个现有分类器的组合，总体地学习如何创建比每个原始分类器更准确的分类器。

即使事先不知道数据的类别，也可以定义数据之间的相似度。相似性的相反概念是不相似性或距离。基于定义的相似性，将集合中的数据分组到彼此相似的相同组中称为聚类分析或聚类，这也是数据挖掘的基本技术之一。与分类不同，聚类不要求提前知道聚类的名称和特性。通常使用诸如分层聚集方法和非分层 k 均值方法的技术来进行聚类。有前景的聚类应用包括发现相似顾客群体以用于营销。

可以检测异常值或与标准值不同的值的数据挖掘任务称为异常检测。有基于统计模型、数据距离和数据密度的异常值检测方法。也有使用聚类和分类查找异常值的替代方法。异常值检测已经用于诸如检测信用卡欺诈或网络入侵的应用。

5.2　技术问题和相关技术

这里我们将总结数据挖掘及其外围技术之间的关系，以便更好地理解数据挖掘的特征。由于存在诸如数据库、信息检索和 Web 搜索（如，搜索引擎）之类的与数据挖掘相关的各种技术，因此下面将描述数据挖掘和这些技术之间的关系。

数据库是一种用于有效地管理和访问社交大数据应用所使用的大量数据的机制。专用于数据库的数据结构、操作和约束的描述符统称为数据模型。自初期以来，网络（或图形）和分层结构（或树）经常被用作数据模型。前者和后者分别称为网络数据模型和分层数据模型。

现在，关系（也称为表）、对象和半结构化数据（例如，XML）已被广泛用作数据模型，并分别称为关系模型、面向对象模型和半结构化模型。

此外，根据数据库所基于的数据模型，它们还可以被分类为分层数据库、网络数据库、关系数据库、面向对象数据库、XML 数据库等。通常，作为数据挖掘目标的大量数据集合是由这样的数据库来管理的。管理数据库的软件是 DBMS。

数据仓库与数据库类似。数据仓库基于顾客、公司决策所需的销售等关注点统一各种信息源。关键任务使用的事务数据库是数据仓库的重要来源之一。为了从时间角度分析这样的信息源所生成的数据，数据仓库中的数据通常不更新，而是只添加，因此，过去的数据继续保持原样。这样的数据称为时间序列数据。用户通过挖掘或分析数据仓库中的数据做出决策。数据仓库通常构建在关系数据库或专用的多维数据库之上。另外，集中管理相关数据的容器有时称为存储库。例如，由搜索引擎爬取的页面和链接存储在专用存储库中。

接下来，在信息检索中，根据由从文本内容提取的特征向量组成的向量空间模型来检索与用户指定的搜索词相似的信息。文档特征向量的每个分量是 TFIDF［术语频率（term frequency）×反向文档频率（inverse document frequency）］值，它是包含在文档中的每个搜索词的特征。简单地说，TFIDF 考虑文档内特定搜索词的频率和包含该词的文档在整个文档集中的稀少程度。另一方面，也可在搜索词中采用特征向量。在这种情况下，每个文档中所包含的搜索词的 TFIDF 是词向量的每个分量。向量空间模型基于称为词文档矩阵的矩阵，其列和行分别对应于这两种向量。通过将查询视为仅包含搜索词的虚拟文档，查询可用与通常文档相同的特征向量来表示。可以根据与查询相对应的虚拟文档和所有正常文档之间的相似值（例如，使用特征向量的余弦距离）来排序满足查询的两个或更多文档。

通常，基于文档文本内容的分析，可以执行文档的分类和聚类。这样的技术统称为文本挖掘或更一般地内容挖掘。另一方面，网页链接结构的分析称为结构挖掘或链接挖掘。通过内容挖掘和通过对 Web 特有链接结构的结构挖掘分析页面内容，Web 搜索合成分析结果并根据它们来对检索到的页面进行排名。特别地，在对页面所包含的文本的内容挖掘的应用中，如果与搜索词对应的特征词出现在页面的标题或锚文本（链接中的文本）中，则该词的 TFIDF 值比通常的加权更高。在分析页面的链接结构时，HITS 在搜索时仅计算与搜索结果相关的页面排名，而 PageRank 在搜索之前则会计算 Web 上所有页面的排名。总之，可以认为，Web 搜索是 Web 的内容挖掘和结构挖掘的应用。与数据挖掘直接欠缺的传统技术学科（如统计分析、机器学习、模式识别）相比，数据挖掘与它们的不同之处在于，它是对大规模数据处理性能问题的固有意识。这些将在下面简要概述。

首先，我们周围的全球数据正在迅速增长。根据 IDC［IDC 2008］的调查，哪怕最近几年才采用，据估计 2006 年生产和复制的全球数据为 161 EB（艾字节），而到 2011 年已经增长了 10 倍（即 1.8ZB）。从现在开始，数据挖掘不得不对待这种日益增长的数据，即大数据。

最后，即使数据量增加，也需要实际处理时间可行的算法，以及实现这种算法的系统。处理时间的增加基本上与数据量的增加成比例，通常称为线性处理时间。换句话说，线性保证了即使数据量增加，处理时间也可以通过某种手段提高吞吐量以维持在实用范围内。算法或其实现系统维持这种线性的能力被称为可扩展性。那么，如何实现可扩展性就成了大数据时代的数据挖掘中出现的技术问题之一。

接下来，关于大数据的处理性能，除了可扩展性之外，还存在另一个所谓高维度的问题。在一些情况下，数据挖掘将目标数据表示为具有许多属性的对象或许多维度的向量。例如，根据应用，对象属性的数量和向量的维度可以非常大，类似于文档属性的数量。与这种现象相关的问题有时被称为维数灾难。例如，在这种情况下，在每个维度以固定比率收集样本数据时，存在样本尺寸相对于维度尺寸指数增加的问题。数据挖掘需要适当地处理与维数灾难相关的这些问题。

数据挖掘的当务之急还不限于数据大小或维数的增加。要处理的数据结构的复杂性也会随着大数据应用领域的广泛传播而成为一个问题。虽然常规数据挖掘主要针对结构化数据，但是随着互联网的发展，处理图形或网络（例如 Web）以及半结构化数据（如 XML）的机会也在增加。此外，传感器网络每时每刻所产生的数据本质上也是时间序列数据，并且如果使用 GPS（全球定位系统），则位置信息将被添加到时间序列数据中。可以认为，推文（即 Twitter 中的文章）也是一种时间序列数据。非结构化的多媒体数据，例如照片、视频和声音也是数据挖掘的目标。此外，在分配数据挖掘的目标数据的情况下，还会引起诸如通信成本、数据集成和安全性的问题。

5.3　数据挖掘任务

如上所述，数据挖掘的主要任务包括：
- 关联规则挖掘
- 聚类
- 分类和预测
- 异常值检测

我们已经解释了数据挖掘、数据库系统、信息检索和 Web 搜索之间的关系。在这里，通过解释数据挖掘不同于数据库系统或信息检索的要点，将进一步澄清数据挖掘的特征。

数据库搜索和信息检索两者允许用户指定关于所需数据的条件并且搜索一组数据中满足指定条件的数据。另一方面，给定一组数据，数据挖掘旨在发现表示数据特征的各种结构、关系和规则。形象地说，给定一组搜索数据，数据挖掘就会去尝试发现该集合的搜索条件。数据挖掘发现的重要结构、关系和规则称为模式或模型。一般来说，根据观察到的现象的数据（或效应）探索和发现现象的本质（或原因），这在工程中被称为逆问题。可以说，数据挖掘在这个意义上是一种逆问题。

在更广泛的技术背景下，数据挖掘可定位为数据库中的知识发现（Knowledge Discovery in Database，KDD）。通常 KDD 从数据仓库或数据库中获取数据，并产生知识。KDD 由以下步骤组成（见图 5.1）。

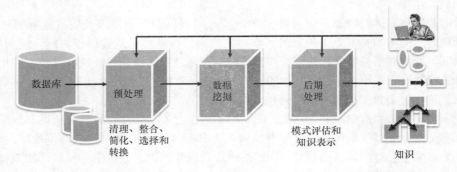

图 5.1　KDD 过程

1. 数据清理：从干扰一致性的数据源中删除数据（噪声）。
2. 数据整合：如果需要，统一两个或多个数据源，并将它们存储在数据库中。
3. 数据简化和选择：从数据库中选择数据的基本部分作为数据挖掘的目标。此外，将目标数据减少到可以实际处理的数据量。
4. 数据转换：将目标数据转换为适合数据挖掘的数据结构。
5. 数据挖掘：使用这一部分所述的智能方法从转换的数据中提取模式。
6. 模式评估：根据一定措施（兴趣水平）来评估所提取的模式，并且将用户真正感兴趣的模式识别为知识。
7. 知识表示：表达和可视化所识别的知识，以有效地展示。

因此，数据挖掘是知识发现过程中的重要步骤之一。此外，KDD 不是单向过程，而是通常伴随着基于当前获得知识的任何先前步骤的反馈循环。

5.4　基本数据结构

在本节中，我们将解释数据挖掘处理的目标数据结构。在大数据时代，数据结构的多样性和数据生成的速度还有数据的大小，是关键问题。这里，数据集合被特别地称为数据集。这些数据的基本结构总结如下。

（1）记录

在数据挖掘的许多情况下，目标数据集表示为记录集合。这种情况下的数据等同于关系数据库（称为元组）中的记录，即结构化数据。每个记录由一个或多个属性（称为列）组成（见图 5.2）。通常，可以标识记录的属性或多个属性的组合称为关键属性。在本书中，仅包含单个属性的键称为记录标识符。

首先，属性可以被分为分类属性（即，定性属性）和数字属性（即，定量属性）。

分类属性又可以进一步分类为其值仅需要相互区分的属性以及其值具有序数关系的属性。前者称为标称属性，其值可以通过等号（＝）或不等号（！＝）进行比较。后者称为序数属性，除了等式之外其值可以按级数进行比较。

通常，根据数值属性的种类，除了对它们进行比较之外，还可以对值执行诸如加法和乘法的操作。

此外，属性还可以根据值域的特性，特别是以基数作为集合来分类。用实数表示的属性被称为连续属性。另一方面，如果属性值的域集具有与自然数的子集相同的特性，则这样的属性被称为离散属性。如果离散属性值的数量有限，则这样的属性被称为多值属性，特别地，如果该值可以由 0 或 1 表示，则该属性被称为二元属性或二分属性。

请注意，在数据库字段中也有多值属性，但在这种情况下，属性允许将一组值（集合）作为其值。因此，数据库字段中的多值属性称为集合属性或重复组，以便与数据挖掘中的属性区分开。

例如，体热和频率都是数值属性。虽然体热由连续值表示，但是频率却由离散值表示。另一方面，诸如男性和女性的性别以及诸如轻微和严重的疾病状况是分类属性的示例，并且通常由离散值表示。此外，在性别之间没有次序关系，而疾病状况之间则存在次序关系。然而，这样的分类依赖于应用程序域。

此外，在本书中，术语变量和属性可互换使用。关系数据库管理系统通常用于存储记录的集合。记录数据的定义、查询和更新可以使用称为 SQL 的国际标准语言来执行。

（2）事务

特别地，如果除记录标识符之外的主属性还包含一组属性，则这种记录数据简称为事务。请注意，这样的事务与数据库领域中的处理单元的事务的概念不完全相同。同时购买的物品的组合，无论是在网上商店还是实体商店都是事务的典型例子（见图 5.3）。

事务ID	项目
T_1	I_1, I_2, I_4, I_5
T_2	I_2, I_3, I_5
T_3	I_1, I_2, I_4, I_5
T_4	I_1, I_2, I_3, I_5
T_5	I_1, I_2, I_3, I_4, I_5
T_6	I_2, I_3, I_4

项目ID	项目名称	价格
I_1	德国酒	1700
I_2	法国酒	2800
I_3	日本酒	2100
I_4	智利酒	1200
I_5	意大利酒	1500

图 5.2 记录示例

图 5.3 事务示例

（3）数据矩阵

如果记录的所有非标识符属性都是数字属性，则记录数据可以被视为多维空间上的点。在这种情况下，记录的标识符对应于点的唯一名称。如果不包括其标识符的记录被视为向量，则数据集构成数据矩阵。请注意，如果允许每个向量对应于矩阵的行（列），则标识符可以用行（列）的位置替换。类似地，可以对已经转换为数字属性的分类属性做出数据矩阵。在聚类中，经常要使用那些分量是从数据矩阵直接计算数据距离的距离矩阵。

（4）序列数据、时间序列数据、空间数据和时空数据

事务数据在生成时与时间显式相关。两个或多个事务的序列称为时间序列或流。通过设置在特定地点周围的传感器网络获得的诸如红外线、温度、照明和二氧化碳的传感器数据是时间序列数据的示例。即使没有关于时间的明确信息，数据的顺序也可能是重要的。通常称这种数据为系列或序列。生物信息学中 DNA 的碱基序列就是一个这样的实例。具有诸如地理信息而不是时间的空间信息数据被称为空间数据。此外，通过与 GPS 接收器一起移动而产生的空间数据也可以变成时空数据。通过考虑传感器的安装位置，即使它们不可移动，由传感器网络产生的整组数据也可以变成一种时空数据。包含地理信息的推文和交通中的签入/签出数据也可以被视为时空数据的示例。

（5）半结构化数据和图形

一般来说，数据和它们之间的关系可以分别由图的节点和边表示。例如，如果页面和页面之间的链接分别表示为图形的节点和边，那么整个 Web 或其部分就可以用图形来建模（见图 5.4）。社交数据中的关注者关系和朋友关系也可以由图表示。化合物可以直接用图表示。此外，如果将两块数据之间的相似度变换为对应于数据块的节点之间边的权重，则可以将数据集合建模为图形。请注意，图表中将树或半结构化数据作为特殊情况处理。XML 是用于描述网页或互联网上交换数据的数据格式，它是半结构化数据类型的实例（见图 5.5）。

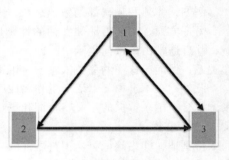

图 5.4　图的示例

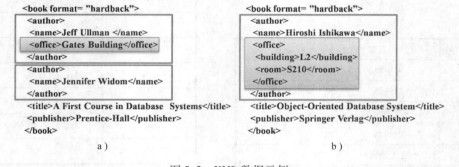

a)　　　　　　　　　　　　　　b)

图 5.5　XML 数据示例

（6）媒体数据

文本范围从没有结构的纯文本到通过 HTML 或 XML 格式化的半结构化文本。文本的特征通常可以根据文本中所包含的字符或特征词的频率而向量化。此外，多媒体数据包含图像、视频和声音。多媒体数据由主要数据（即，非结构化原始数据）以及次要数据（即，作为对主要数据注释的元数据）来描述。

有关数据集（这是数据集合）的问题将在本节结尾处介绍。如前所述，数据的大小

（数量）与数据挖掘的可扩展性强相关。另一方面，数据属性的数量（也称为维度）将会导致在高维度情况下维数灾难的问题。这两个问题都与数据质量有关。

5.5 数据质量

在本节中，我们将讨论与数据质量相关的问题。

大数据在本质上是模糊的。因此，数据挖掘必须处理由于各种原因而不总是完全正确的数据。

首先，在数据集中可能存在噪声。必须与单纯的噪声区分开的概念是偏离值或异常值。虽然去除噪声通常能产生更好的数据挖掘结果，但是通过异常值的检测有时也可能会发现稀有和重要的模式或现象。然而，通常难以清楚地区分两者。具体数据是否为噪声或异常值应根据应用领域决定。

此外，数据中可能包含缺陷值。数据集中可能包含两个或更多个相同的数据和相互矛盾的数据。由于数据的质量可能会极大影响数据挖掘的结果，所以这些问题必须按如下步骤适当地处理。

（1）预处理

考虑到数据存在上述提到的特点，在数据挖掘之前有必要进行处理。

通常通过以下步骤执行数据预处理。

1. 数据清理
2. 数据整合
3. 数据简化和选择
4. 数据转换

下面将逐步描述该处理过程。

a）数据清理

与数据相关的缺陷可以通过数据清理来解决。也就是说，通过诸如预测、合并和聚类的一些方法去除噪声。在合并中，每个值由包含它的部分表示。当偏离值被认为会对正常模式有任何不良影响时，像噪声一样删除它。在某些情况下，删除包含缺陷值的属性或整个记录。在其他情况下，缺陷值由某些值补充，例如公共值（即默认值）或忽略。在相同数据相乘的情况下，仅留一个，删除其他的。在数据之间不一致的情况下，通过使用域的知识或限制来解决。不通过去除噪声或偏离值，一种不易受这些值影响的数据挖掘算法可以作为替代的解决方案。

b）数据整合

基本上相同的数据有时被分散并存储在两个或更多数据库中。在这种情况下，具有相同内容属性的名称、值单位或数据结构可以随数据库的不同而不同。然后，通过使用每个数据库的元数据（即，关于数据的数据）来解决这样的异构性并且统一数据库。

c）数据简化和选择

当然，我们也希望使大数据小到能够对它们进行实际处理。以下某些方法可用于此目的。

- 聚合（例如，平均值与和）可以减少数据大小。

- 采样也可以减小数据大小。
- 基于合并或熵的数值离散化可以减少特殊值的数量。
- 可以基于应用领域的领域知识或通过不同属性之间的相关性进行分析来删除不相关或冗余的属性。
- 利用系统方法可以发现属性的最佳组合，以通过穷尽搜索产生良好的结果。
- 主成分分析（Principal Component Analysis，PCA）可以减少维度（即属性的数量）。

d）数据转换

为了适当地组合两个或更多属性的值或者强调重要值的部分，可以使用值的归一化（例如，min‐max，z‐score[⊖]）或通过函数（例如，绝对值、对数）来转换值。

（2）后期处理

像数据预处理一样，数据的后期处理也是KDD的重要过程之一。虽然数据预处理与输入值的质量相关，但数据后期处理与最终结果的质量相关。作为数据后期处理，最终结果被评估以便找到在应用领域中真正有意义的模式。然后，结果会被表示为用户可以理解的知识。为此，有时需要对结果进行可视化处理。

在本部分的其余部分，关联规则挖掘、聚类、分类和预测将被描述为数据挖掘的基本技术。然后，Web结构，Web内容和Web访问日志挖掘将被解释为Web挖掘，最后再来解释与它相关的深层Web挖掘和信息提取。此外，将描述诸如树、XML、图形和多媒体数据的媒体挖掘。

参 考 文 献

[Han et al. 2006] J. Han, M. Kamber: Data Mining: Concepts and Techniques, Second Edition, Morgan Kaufmann (2006).

[IDC 2008] IDC: The Diverse and Exploding Digital Universe (white paper) (2008). Available at http://www.emc.com/collateral/analyst-reports/diverse-exploding-digital-universe. pdf accessed 2014

[Tan et al. 2006] P.-N. Tan, M. Steinbach and V. Kumar: Introduction to Data Mining, Addison-Wesley (2005).

⊖ 标准分数（standard score）也叫 z 分数（z‐score）是一个分数与一个平均数的差再除以标准差的过程。——译者注

第 6 章　关联规则挖掘

本章介绍基于频繁出现的项目组合可发现的关联规则。首先，将叙述关联规则的基本概念和类型以及应用。接下来，本章将解释计算频繁项目集的基本算法，并基于它们生成关联规则。

6.1　关联分析的应用

首先，将从有用性的观点来解释作为构建大数据应用中的假设的基本技术之一的关联规则挖掘或关联分析。顾客在超市中一起购买的项目分析通常被称为市场篮子分析。如果可以分析频繁一起购买的一组项目，则结果可以用于项目的有效展示。

例如，可以考虑以下销售策略：

- 将包含在频繁项目中的所有项目都布置得尽可能彼此靠近，以增加顾客一起购买它们的机会。
- 集合中的所有项目捆绑销售，以使得顾客一起购买它们。
- 集合中的所有项目布置成尽可能彼此远离，以便增加顾客在它们之间移动时购买其他项目以及项目集的机会。
- 集合中的一个项目以便宜价格出售，从而提高集合中另一个项目的利润率，然后将所有项目捆绑销售，以便增加总利润。

这里，包含在购物篮（或购物车）中的一组项目被称为市场篮子事务或事务。请注意，项目不仅可以代表具体商品，还可以代表人物、活动、页面、术语和抽象概念。还需要注意，事务的概念与数据库领域中的事务概念不同。

总之，关联分析是进行市场篮子分析，并且分析结果是发现规则，例如，如果许多顾客购买一个特定项目，则他们通常也会一起购买另一个特定项目。当然，关联规则挖掘的应用也不限于市场篮子分析。一些搜索引擎中的应用程序能够发现经常出现在同一网页上的术语组合模式或在搜索查询中经常且同时指定的搜索术语的组合模式。在其他应用中也能够发现频繁出现在 Web 服务器的访问历史中的访问模式（如，访问网页的序列）。使用关联分析还可以发现在社交数据中频繁且同时指定的关注者和主题标签的组合。此外，关联分析的应用（如基因表达中的相互作用的说明）也已经在生物学中迅速传播。

因此，虽然本章使用日常商品作为示例项目说明了关联规则的挖掘，但是请注意，该技术可用于更广泛的应用。

在挖掘关联规则中，有必要计算项目的组合，其数量通常可能非常大。这是因为如果不同项目（即集合的元素）的数量等于 N，则组合（子集）项目的数量将等于 2^N。以子集作为其元素的集合被称为原始集合的幂集。因此，幂集的大小是原始集合大小的指数函数的量级。因此，如果原始集合由 S 表示，则幂集通常由 2^S 表示。因为组合的总数变得非常大，而实际上有可能不会发生，所以仅考虑频繁项目。然而，在大数据应用中，设计能够有效地找到项目的频繁组合的算法是非常重要的。

6.2　基本概念

首先，将解释挖掘关联规则所需的基本概念。这里，设 I_k 是每个项目，则 $I = \{I_1, I_2, \cdots, I_n\}$ 是所有项目的集合。如上所述，项目不仅可以表示购物篮中的日常商品，而且也可以表示更一般的概念，例如事件、人和术语。

设 T 是每个事务。因此，T 是一组项目，由 $I(T \subseteq I)$ 包含。事务标识符 TID（也称为记录标识符，RID）与每个事务相关联。因此，事务通过其 TID 来识别。设 D 为一个数据库，并将其认为是挖掘目标。那么 D 成为所有事务的集合。

使用上述基本概念，关联规则可以表示如下：

（定义）关联规则

- $A \Rightarrow B$（A 隐含 B）

这里 A，$B \in 2^I$（即 A 和 B 是项目集）并且 $A \cap B = \varnothing$（即空集）。

接下来，作为伴随关联规则的概念，将定义支持度（更准确地说，支持程度）和置信度（更准确地说，信任的程度）。支持度 s 是包括 A 和 B 的数据库 D 上的事务的比率。请注意，这样的项目集可以表示为 $A \cup B$，而不是 $A \cap B$。另一方面，置信度 c 是在 D 中包含 A 的事务中包含 A 和 B 的事务的比率。换句话说，支持度是关联规则的重要性的度量，而置信度是关联规则的可靠性的度量。

使用概率 P，支持度和置信度将以另一种方式表示如下：

（定义）关联规则的支持度和置信度

- 支持度 $(A \Rightarrow B) \equiv P(A \cup B)$
- 置信度 $(A \Rightarrow B) \equiv P(B|A)$

其中，$P(A \cup B)$ 和 $P(B|A)$ 分别表示概率和条件概率。后者是 B 在 A 发生的条件下发生的概率。

接下来，将定义关联规则的强度。当给出由 min_sup 表示的最小支持度和由 min_conf 表示的最小置信度时，具有同时不小于最小支持度和不小于最小置信度的关联规则被称为强关联规则。

一组项目简称为项目集。由 k 个不同项目组成的项目集用 k 项目集（k – itemset）表示。项目集的出现次数等于包含项目集的事务数。项目集的出现次数称为支持计数。

如果项目集的支持计数不小于最小支持度 × $|D|$（称为最小支持计数），则称项目集满足最小支持度。满足最小支持度的项目集称为频繁项目集或大项集，并且通常由 L_k 表示，其中 k 表示构成项目集的项目数。

设项目集 A 的支持计数为 $support\_count(A)$。上面介绍的支持度和置信度可定义如下：

（定义）关联规则的支持度和置信度（回顾）

- 支持度 $(A \Rightarrow B) \equiv P(A \cup B) = \dfrac{support\_count(A \cup B)}{|D|}$
- 置信度 $(A \Rightarrow B) \equiv P(B|A) = \dfrac{support\_count(A \cup B)}{support\_count(A)}$

例如，"购买鱼的顾客也购买了白葡萄酒"的关联规则可以表示如下：

- 鱼（顾客买鱼）⇒白葡萄酒（顾客买葡萄酒）［支持度 = 50%，置信度 = 75%］

由于已经定义了所有必要的概念，因此我们将会在下面解释如何执行关联规则挖掘。也就是说，挖掘关联规则包括以下两个步骤：

1. 发现频繁的项目集。
2. 从频繁项目集中生成强规则。

在上述两个步骤之间，第一步的计算复杂度较大，因为该步骤通常必须处理项目集的幂集。因此，有效地执行第一步在挖掘关联规则中更重要。

6.3　各种关联规则

到目前为止，我们已经描述了项目的简单关联规则，还有几种关联规则。通常情况下，关联规则可以按照如下两种或更多方式分类：

（1）按值的类型分类

关于离散值属性的关联规则称为离散关联规则，它可以取有限数量的值，例如属性"购买（项目）"和"星级"。

以下是离散关联规则的示例。

- 红酒（顾客购买红葡萄酒）⇒奶酪（顾客购买奶酪）

也就是说，属性"购买"具有离散的值，例如红葡萄酒和奶酪。

另一方面，关于数值属性的关联规则被称为数值关联规则。在许多情况下，数值属性的整个范围被划分为两个或更多子部分。通常，通过包含值的独特分段来表示数值属性的每个值的方法称为离散化。以下是离散数值关联规则的示例。

- 25 < 年龄 < 30（顾客年龄）⇒白葡萄酒（顾客购买白葡萄酒）

这里，上述规则的左侧表示作为属性"年龄"的值的分段（更确切地说，其标识符，即离散值）。

（2）按维度分类

出现在关联规则中的属性被认为表示一个维度。规则可以根据维度来分类。以下是仅由单个属性"购买"组成的一维规则的示例。

- 红酒（顾客购买红酒）⇒奶酪（顾客购买奶酪）

另一方面，下面是由两个属性，即"购买"和"年龄"组成的多维规则的例子。

- 25 < 年龄 < 30（顾客年龄）⇒白葡萄酒（顾客购买白葡萄酒）

（3）抽象度分类

我们将考虑两个或多个规则的集合称为规则集。如果可以在规则所包含的项之间考虑基于抽象度的分级关系，则这样的规则集被称为多级规则集。例如，以下规则集是多级的。

- 20 < 年龄 < 45（顾客年龄）⇒葡萄酒（顾客购买葡萄酒）
- 30 < 年龄 < 45（顾客年龄）⇒红葡萄酒（顾客购买红葡萄酒）

从概念上讲，葡萄酒比红葡萄酒更加普遍，而红葡萄酒比葡萄酒更具特色。另一方面，规则所包含的项之间没有这种层次关系的规则集则被称为单层规则集。这种层次关系通常由专用知识库管理。

（4）数据结构分类

根据是否考虑事务的顺序，发现频繁项目集被分为两个单独的任务。前者是系列数据的关联规则挖掘。后者是正常无序数据的关联规则挖掘。此外，关联规则的挖掘可以扩展到更复杂的数据结构（例如树和图形）。

6.4　Apriori 算法的概述

这里，Apriori 算法［Agrawal et al. 1993］将作为有效挖掘关联规则的基本算法进行介绍。该算法旨在有效地发现频繁项目集。换句话说，它试图规避检查假频繁项目集。

简单起见，这里将描述发现无序频繁项目集并产生离散的、单维与单级关联规则的基本算法。为了生成其他类型的关联规则，我们所要做的是考虑基本算法的扩展。

以下原则适用于频繁项目集。

（原理）Apriori

- 频繁项目集的所有子集都是频繁的。

更一般地，以下单调递减原理，称为向下单调性，对于支持计数而言成立。

（原理）向下单调性

- $X, Y \in 2^I$ 且 $X \subseteq Y$

$\Rightarrow support\_count(X) \geqslant support\_count(Y)$

Apriori 算法的显著特征之一是其基于上述原理（Apriori）重复使用 k 项目集查找 $(k+1)$ 项目集的过程。也就是说，首先它找到频繁的 1 项目集 L_1。接下来，它使用 L_1 找到频繁的 2 项目集 L_2。进而，它使用 L_2 找到频繁的 3 项目集 L_3。重复该过程，直到不能再找到频繁的 k 项目集 L_k。这样就可以找到所有频繁项目集 $L = \cup_k L_k$ 作为算法的结果。

Apriori 算法基本上重复由以下两个步骤组成的过程。

（1）连接步骤

如果获得频繁 $(k-1)$ 项目集 L_{k-1}，则算法可以使用频繁的 k 项目集 L_k 来找到候选项目集 C_k。这里，令 l_1 和 l_2 是 L_{k-1} 的元素。

此外，设 $l_i[j]$ 表示 l_i 的第 j 项。另外，假设在项目集和事务内，按照字典顺序（即，字典的条目顺序）对项目进行排序。这里假设 L_{k-1} 是由 $(k-1)$ 个字段组成的数据库。

然后，连接 (L_{k-1}, L_{k-1}) 可以被认为是由第一个 $(k-2)$ 字段作为连接键的同一表的自然连接操作。

在这种情况下的连接谓词可以指定如下：

- $(l_1[1] = l_2[1]) \text{AND} (l_1[2] = l_2[2]) \text{AND} \cdots \text{AND} (l_1[k-2] = l_2[k-2]) \text{AND} (l_1[k-1] < l_2[k-1])$

这里，上述谓词中的最后条件 $(l_1[k-1] < l_2[k-1])$ 指定候选项集 l_1 和 l_2 不同。

作为连接操作的结果，获得 k 项目集 $l_1[1] l_1[2] \cdots l_1[k-2] l_1[k-1] l_2[k-1]$。上述操作将是表 L_{k-1} 的自连接，由以下 SQL 命令表示。

- INSERTINTO C_k

    SELECT $p.item_1$, $p.item_2$, $\cdots$, $p.item_{k-1}$, $q.item_{k-1}$

FROM $L_{k-1}p$，$L_{k-1}q$

WHERE $p.\,item_1 = q.\,item_1$ AND $p.\,item_2 = q.\,item_2$ AND

$\cdots$ AND $p.\,item_{k-2} = q.\,item_{k-2}$ AND $p.\,item_{k-1} < q.\,item_{k-1}$

（2）修剪步骤

候选集 C_k 包括所有频繁的 k 项目集 L_k。换句话说，C_k 还可以包括不频繁的项目集。因此，有必要消除（即修剪）所有不频繁的项目集，以便仅计算 L_k。为此，首先，需要通过扫描数据库 D 来计算 D 中 C_k 的频率（即，支持度计数）。此外，还需要确认候选集合所满足的最小支持度。

这里我们将演示 Apriori 原理是如何来减小 C_k 大小（元素的数量）的。也就是说，如果至少有一个 $(k-1)$ 项目集作为项目集的子集不包含在 L_{k-1} 中，则该原理会确保包括在 C_k 中的该项目集是不频繁的，因此可以从 C_k 中将它删除。

然后，Apriori 算法的要点通过如下伪代码示出。

（算法）Apriori

1. $L_1 \leftarrow$ frequent 1 – itemset

2. $k \leftarrow 2$

3. while(NOT $L_{k-1} = \varnothing$) {

4. 　　　$C_k \leftarrow$ Generate – Candidates(L_{k-1}, min_sup)；

5. 　　　for(all transaction $t \in D$) {

6. 　　　　　$C_t \leftarrow C_k$ part of t；

7. 　　　　　for(all $c \in C_t$) {

8. 　　　　　　　　$c.\,count \leftarrow c.\,count + 1$；

9. 　　　　　}

10. 　　　}

11. 　　　$L_k \leftarrow \{ c \in C_k \mid c.\,count >\, = min\_sup \}$；

12. 　　　$k \leftarrow k + 1$；

13. }

14. Return $\cup_k L_k$；

（算法）Generate – Candidates(L_{k-1}, min_sup)

1. for(all $l_1 \in L_{k-1}$) {

2. 　　for(all $l_2 \in L_{k-1}$) {

3. 　　　if(($l_1[1] = l_2[1]$) AND ($l_1[2] = l_2[2]$) AND $\cdots$ AND ($l_1[k-2] = l_2[k-2]$)

　　　　　AND($l_1[k-1] < l_2[k-1]$)) {

4. 　　　　　$c \leftarrow$ join(l_1, l_2)；

5. 　　　　　if(any($k-1$) – itemset as a subset of c is not frequent) {

6. 　　　　　　　Delete c；

7. 　　　　　} else {

8. 　　　　　　　Add c to C_k；

9. 　　　　　}

10.   }
11.   }
12.   }
13. Return C_k;

现在解释 Apriori 算法的每个步骤。此算法的步骤 1 找到频繁的 1 项目集（1 – item-set）。在步骤 3 之后的循环中，步骤 4 首先基于 L_{k-1} 生成候选集 C_k。此时，预先根据 Apriori 原理进行 C_k 的修剪。接下来，在步骤 5 至步骤 10 的所有事务对 C_k 的频率进行计数。最后，在步骤 11 中，如果 C_k 使用支持度计数满足最小支持度，则将满足最小支持的 C_k 添加到 L_k。

为了使算法终止，在合适的位置完成循环。

循环的终止条件是 L_k 变成空集，即不能再找到更频繁的项目集。由于数据库只有有限的数据量，总有某一时刻 L_k 肯定会变成空，所以算法肯定会终止。如果循环终止，则在步骤 14 最终计算所有 k 对应的 L_k 的并集以返回集合 L。

在生成候选集 C_k 的算法（Generate – Candidates）中，在步骤 3 中检查两个 l_{k-1} 的连接可能性之后，这两个实际上就已经被连接了。然后，在步骤 5 中检查是否所有作为连接结果的子集的 $(k-1)$ 项目集 ［ $(k-1)$ – itemset］都包含在 L_{k-1} 中，并且仅当全部包含它们时，才可以基于 Apriori 原理将结果添加到 C_k 中。

我们通过事务数据库的虚拟示例（见图 6.1）演示了 Apriori 算法是如何实际工作的（见图 6.2）。每个事务中都包含酒（准确地说，标识符）作为如图 6.1 所示的集合。数据库的每次扫描结果都由一对项目集及其支持度计数表示，如图 6.2 所示。

项目ID	项目名称
I_1	德国酒
I_2	法国酒
I_3	日本酒
I_4	智利酒
I_5	意大利酒

事务ID	项目
T_1	I_1, I_2, I_4, I_5
T_2	I_2, I_3, I_5
T_3	I_1, I_2, I_4, I_5
T_4	I_1, I_2, I_3, I_5
T_5	I_1, I_2, I_3, I_4, I_5
T_6	I_2, I_3, I_4

图 6.1 事务数据库

设最小支持度计数为 3（即，最小支持度 = 50%）。C_2 减去不频繁项目集（即加下画线的项目集）在第二次扫描时变为 L_2。以类似的方式通过四次扫描获得所有的频繁项目集。

如图 6.3 所示，基于它们之间的集合包含关系，所有项目集构成一个网格。在图 6.3 中，如果由椭圆节点描绘的两个项目集可通过边连接，则上面的项目集被下面的项目集包含。也就是说，它们分别对应于子集（即上面的）和超集（即下面的）。简单起见，例如，I_1 被简单地表示为 1。这种网格能够让我们迅速知道项目集是否频繁。例如，如果 $\{I_1, I_3\}$ 不频繁，则它的所有超集，例如 $\{I_1, I_2, I_3\}$ 不是频繁的。相反，如果 $\{I_1,$

第一次扫描	
I_1	4
I_2	6
I_3	4
I_4	4
I_5	5

第二次扫描	
I_1, I_2	4
I_1, I_3	2
I_1, I_4	3
I_1, I_5	4
I_2, I_3	4
I_2, I_4	4
I_2, I_5	5
I_3, I_4	2
I_3, I_5	3
I_4, I_5	3

第三次扫描	
I_1, I_2, I_4	3
I_1, I_2, I_5	4
I_1, I_4, I_5	3
I_2, I_3, I_5	3
I_2, I_4, I_5	3

第四次扫描	
$I_1, I_2 I_4, I_5$	3

图 6.2　执行 Apriori 算法

I_2，I_4} 频繁，则它的所有子集，例如 {I_1，I_2} 是频繁的。

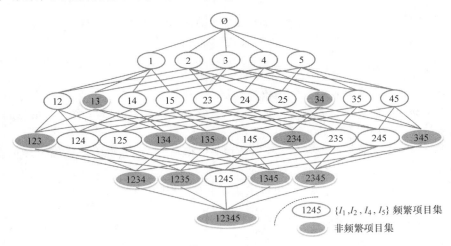

图 6.3　项目集的网格

可以通过用哈希树管理频繁项目集的候选集来提高子集的这种检查的效率（见图 6.4）。也就是说，将项目集存储在哈希树的叶节点中，并且将哈希表存储在非叶节点中。哈希表的每个块（bucket）包含指向子节点的指针。简单起见，将考虑以下散列函数。

- H（*item*）＝ mod（ord（*item*），3）

其中，ord(i_k)＝k 且 mod(m,n)＝m 除以 n 的余数。

也就是说，根据将散列函数应用于项目集中第 d 个元素的结果，可以确定哈希树从距根的深度为 d 处的节点到子节点的向下进展。请注意，d 从 0 开始。如果已经到达搜索的叶节点中的项目集，则将它们与当前项目集进行比较。如果它们彼此匹配，则频率按加计数。否则，项目集将会被新插入到叶节点，并且其频率计数被初始化为 1。因此，可以避免与候选频繁项目集的伪比较。

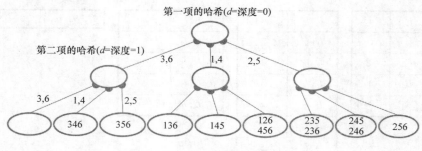

图6.4　三个项目集的哈希树

6.5　生成关联规则

一旦上述 Apriori 算法发现了频繁项目集，则使用它们生成关联规则就是相当简单的。为了获得强规则，仅需要通过先前定义的置信公式计算规则的置信度。基于结果获得关联规则如下：

1. 设除了空集之外的每个频繁 k 的项目集 l 的适当子集为 s。s 的数量为2^{k-2}。
2. 创建 $s \Rightarrow (l-s)$ 并通过以下置信度公式计算置信度。

- 置信度 $(A \Rightarrow B) \equiv P(B|A) = \dfrac{support\_count(A \cup B)}{support\_count(A)}$

也就是说，在上述公式中，令 A 和 B 分别为 s 和 $l-s$。

如果 $support\_count(l) / support\_count(s)$ 大于或等于指定的最小置信度（min_conf），则此规则将是最终规则。

由于以这种方式获得的规则是从频繁项目集中得出的，这意味着它们满足最小支持度和最小置信度，所以它们是强关联规则。

例如，从频繁项目集 $\{I_2, I_3, I_5\}$ 可以生成以下 6 个规则。

- $I_2 \cup I_3 \Rightarrow I_5 \,(3/4 = 75\%)$
- $I_2 \cup I_5 \Rightarrow I_3 \,(3/5 = 60\%)$
- $I_3 \cup I_5 \Rightarrow I_2 \,(3/3 = 100\%)$
- $I_2 \Rightarrow I_3 \cup I_5 \,(3/6 = 50\%)$
- $I_3 \Rightarrow I_2 \cup I_5 \,(3/4 = 75\%)$
- $I_5 \Rightarrow I_2 \cup I_3 \,(3/5 = 60\%)$

只有置信度大于或等于最小置信度（例如，70%）的规则才会变成强规则。

这里将考虑 Apriori 算法的计算成本。令最长频繁项目集的大小为MAX_k，则发现所有关联规则所需的计算复杂度为 $O(MAX_k \times |D|)$，而这基本上等于数据库扫描的成本。通过将该值除以阻塞因子（即，每页的记录数），可以获得确定实际处理时间的内存页面和次级存储器之间的 I/O（即，输入/输出）成本。

事实上，也有人做了许多改进 Apriori 算法或扩展它以获得更好性能的工作［Tan et al. 2006］。为了减少数据库的扫描次数，可以应用有效的计算支持度计数的方法［动态项目集计数（DIC）〕或有效数据结构〔如动态哈希和修剪（DHP）以及垂直格式〕，或者使用随机采样或划分使得数据集足够小以便整个数据库可以存储在主存储器中。而且，人们还开发出了诸如 FP 生长（FP－Growth）算法之类的不使用 Apriori 算法就能找到频繁项目集的算法。此外，基本规则已经扩展到数值数据和系列数据的规则。增加 Apriori 算法可扩展性的方法将会与增加其他数据挖掘技术的可扩展性的方法放在单独章节中一起解释。

参 考 文 献

[Agrawal et al. 1993] Rakesh Agrawal, Tomasz Imielinski and Arun Swami: Mining association rules between sets of items in large databases. In Proc. of ACM SIGMOD Intl. Conf. on Management of data, pp. 207–216 (1993).

[Tan et al. 2006] P.-N. Tan, M. Steinbach and V. Kumar: Introduction to Data Mining, Addison-Wesley (2005).

第 7 章 聚 类

本章介绍了作为聚类用于分组类似数据的应用、数据结构和距离的概念。然后，本章还描述了用于产生集群的基本算法以及用于评估结果的方法。

7.1 应用

首先，在解释聚类本身之前应该先解释聚类的应用［Han et al. 2006，Tan et al. 2005］。聚类可以作为构建诸如关联分析的假设的基本技术应用于各种各样的社交大数据应用。让我们考虑，例如，基于顾客的购买历史的相似性对客户进行分组。如果某商品经常由同一组中的顾客购买，则该商品可推荐给组中尚未购买该商品的顾客。以这种方式基于特定相似性对数据进行的分组称为聚类。在某种意义上，聚类与分类类似，都是对数据分组。尽管数据所属类（即类别）在分类中是预先知道的，但是在聚类中通常没有关于这样类的假设。因此，在这种意义上，聚类中的分组应该被称为分区而不是分类。在数学上，集合的分区是在集合中彼此没有共同元素的子集。因此，所有分区的并集等于原始集合。特别地，在聚类中创建的组被称为集群。假设单个集群的名称或特性是预先未知的。

除了诸如上述的业务应用之外，还可以在各种应用中使用聚类，诸如在详细分析之前对社交数据进行分组，对 Web 搜索结果和 Web 访问历史进行分组，发现具有相似功能的基因，以及生物学中的物种和医疗中的患者的亚分类。在聚类中使用的基本数据结构和算法将在以下各节中介绍。

7.2 数据结构

在解释聚类本身之前，作为预备知识我们来介绍聚类的基本数据结构。这里需要适合于描述聚类的目标对象的数据结构。为此可考虑以下数据结构。
- 数据矩阵
- 相异矩阵

数据矩阵表示对象本身，而相异矩阵则表示对象之间的差别（即，不相似性）。通常，可以通过某种方式由数据矩阵计算相异度。因此，经常要使用相异矩阵，在这里介绍。
- $[d_{ij}]$

其中，d_{ij} 表示两个物体 i 和 j 之间的相异度，或它们之间一般意义上的距离。因此，相异矩阵也称为距离矩阵。如果两个对象不同，则相异度较大，否则较小。

如果距离 d_{ij} 满足以下特性（即，距离的公理），则距离 d_{ij} 被特别地称为距离函数。
- $d_{ij} \geq 0$ （非负）
- $d_{ij} = d_{ji}$ （对称）
- $d_{ii} = 0$ （恒等）

- $d_{ij} \leq d_{ik} + d_{kj}$（三角不等式）

换句话说，一些距离满足上述公理，而另一些则不满足。无论如何，大多数聚类算法都是基于距离的。稍后我们将描述计算距离的具体方法。这里，有必要解释相似性和相异性之间的关系。相异度可以通过一些方法（例如单调递减的线性函数）转换为相似度。例如，设相似度为 s_{ij}，则相似度 s_{ij} 可以由相异度 d_{ij} 表示如下：

- $s_{ij} = 1 - d_{ij}$

在本书中，我们会在上述意义下来使用相似度和相异度（或距离），同时，我们也将会在下面的解释中根据本地内容来选择更合适的一个。

7.3　距离

本节，我们将解释成为相异性基础的具体距离。首先，考虑由数字属性（即数字变量）组成的对象距离。例如，高度和重量都是数值属性。简单起见，假设考虑中的数值属性可以用线性方法来测量。当对象由两个或更多特征组成时，便可以表示为特征向量。

两个特征向量之间的典型距离包括欧几里得距离（以下简称欧氏距离）、曼哈顿距离和闵可夫斯基距离。

欧氏距离通过以下公式计算：

$$d_{ij} = \sqrt{\sum_{k=1}^{m} | x_{ik} - x_{jk} |^2}$$

曼哈顿距离对应于我们在街道网格中乘车或行走时的通常距离，并且可以通过以下公式计算：

- $d_{ij} = \sum_{k=1}^{m} | x_{ik} - x_{jk} |$

闵可夫斯基距离由下式给出，假设 $p \geq 1$，并且它是上述两个距离的一般化：

- $d_{ij} = \sqrt[p]{\sum_{k=1}^{m} | x_{ik} - x_{jk} |^p}$

特别地，当 p 接近无穷时，闵可夫斯基距离变为下式：

- $d_{ij} = \max_{k=1,\cdots,m} | x_{ik} - x_{jk} |$

设 v 是向量。v 和零向量（或向量的起点和终点之间的距离）之间的闵可夫斯基距离被称为向量的 p 范数，并且表示如下：

- $\| v \|_p$

简而言之，它是向量的长度。$\| v \|_1$ 和 $\| v \|_2$ 是 p 范数的特殊情况。这些是距离函数，因为它们满足距离公理。

接下来说明其他距离。

（1）二值变量

让我们考虑每个对象由两个或更多二值变量（即其值为 0 或 1 的变量）表示的情况。定义两个这样对象的距离。

设两个对象是 o_1 和 o_2。n_{ij} 定义如下：

- n_{11}：在 o_1 和 o_2 中都为 1 的对应变量的数量

- n_{10}：只在o_1中为 1 的对应变量的数量
- n_{01}：只在o_2中为 1 的对应变量的数量
- n_{00}：在o_1和o_2中都为 0 的对应变量的数量

那么，二值变量之间的距离可以定义如下：

- $d_{ij} = \dfrac{n_{10} + n_{01}}{n_{11} + n_{10} + n_{01} + n_{00}}$

其中，如果变量的值为 0 意味着它的重要性不如值为 1 的变量，则该距离简化如下：

- $d_{ij} = \dfrac{n_{10} + n_{01}}{n_{11} + n_{10} + n_{01}}$

这种情况称为非对称，而 0 和 1 是等效的情况则称为对称。通常使用关于两个对象的列联表来计算二值变量的距离（见图 7.1）。

	$O_1:0$	$O_1:1$
$O_2:0$	n_{00}	n_{10}
$O_2:1$	n_{01}	n_{11}

图 7.1　列联表

（2）多值变量

如果变量可以取三个或更多值，则这样的变量通常称为多值变量。设 N 为多值变量的总数，设 T 为具有相同值的对应变量的数量，则多值变量之间的距离可以表示如下：

- $d_{ij} = \dfrac{N - T}{N}$

（3）定序变量

设 r 为秩，并且设 M 为特征秩的总数。如果顺序（即秩）对于多值变量特别重要，则秩的值可由 M 归一化如下：

- $\dfrac{r - 1}{M - 1}$

基于这样的归一化值，距离就可以通过引入数值变量形式的欧几里得距离来计算。

（4）非线性变量

在通过某个函数将非线性值变量转换为线性值之后，可以以定序变量相同的方式处理非线性值变量。例如，如果非线性值变量可以通过指数函数近似，则可以通过使用对数函数将其转换为定序变量。

当然，可用的转换方法的类型还取决于应用领域。根据数据或应用选择合适的距离很重要。

除了以上介绍过的距离，其他的将在需要的地方引入。

7.4　聚类算法

本节将解释聚类的定义和聚类算法的种类。首先，将叙述聚类的定义。假设数据库 D

包含 n 个对象。聚类将 D 划分为 k（$\leqslant n$）组集群 c_i。创建的集群必须满足以下条件。

- 集群条件

1. 每个对象属于某个集群。

2. 一个对象不属于两个或多个集群。

3. 没有无对象的集群。

应注意条件 2。其中一个对象正好属于一个集群的聚类称为硬聚类、独占聚类或非重叠聚类。

另一方面，其中一个对象可以属于两个或更多集群的聚类则被称为软聚类、非排他聚类或重叠聚类。特别地，如果一个对象属于具有权重像模糊集（例如，从 0 到 1 的值）的所有聚类，则这种聚类被称为模糊聚类。

在硬聚类中，集群 $c_i(i = 1,\cdots,k)$ 变为 D 的分区。这种情况可以描述如下：

- $D = c_1 \cup c_2 \cup \cdots \cup c_k$，$c_i \cap c_j = \varnothing$（$i! = j$）

既然已经定义了聚类，下面我们就来介绍聚类算法。用于聚类的算法可以大致分为如下两种类型：

- 基于分区的聚类
- 分层聚类

下面将说明这两种类型的算法。

7.5　基于分区的集群

k - means 方法（也叫 k 均值方法）是典型的基于分区的方法之一，我们将在本节的剩余部分详细解释它。

在 k - means 方法中，基于聚类中对象值的平均值（即平均值）或质心（即重心）来测量聚类的相似度。执行聚类以使得聚类内对象的相似性大于不同聚类之间对象的相似性。

该算法可以描述如下：

（算法）k - means 方法

1. 选择任意 k 个对象，使它们成为 k 个聚类的初始质心；

2. 重复以下过程，直到由对象重新排列所产生聚类的集合与先前的聚类集合相同；

3. 将每个对象分配给质心最接近它的聚类；

4. 重新计算每个聚类的质心，以反映新分配的对象。

这里让我们定义一个平方误差如下。

- $\sum\limits_{i=1}^{k} \sum\limits_{p \in c_i} |p - m_i|^2$

其中，m_i 表示聚类 c_i 的质心（平均）。

k - means 方法创建聚类以使该值（局部）最小。步骤 2 的终止条件（"聚类集合没有变化"）可以用平方误差值的减小量小于指定阈值的条件来代替。

我们将通过具体示例来解释 k - means 方法是如何工作的。由黑皮诺葡萄制成的红葡萄酒看起来是明亮的紫色，散发出愉快的气味，柔和的酸味。这些葡萄酒在世界各地生产。让我们考虑将葡萄酒$o_i(i=1,\cdots,5)$聚类如下：

- o_1：德国
- o_2：勃艮第（法国）
- o_3：俄勒冈州（美国）
- o_4：澳大利亚
- o_5：加利福尼亚州（美国）

这里，基于每个区域的典型葡萄酒的口味，主观地计算它们的相互距离，尽管这些是虚构数据。设o_4和o_5为具有$k(=2)$的初始质心。图7.2说明了$k-\text{means}$方法的聚类生成过程。

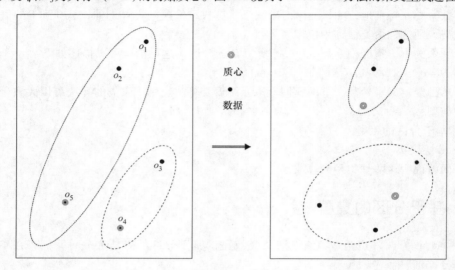

图 7.2 $k-\text{means}$ 方法

考虑通过$k-\text{means}$方法聚类n个数据。设r为重复次数。然后，总体上，计算成本将是$O(nkr)$。注意，r和n是不太依赖于k的很小的数。数据库访问的I/O成本可以通过将其除以阻塞因子来获得。

$k-\text{means}$方法是简单和清楚的，特别是在聚类中心对应于几何概念（即质心）的情况下。然而，至少以下问题仍有待解决：

- 聚类结果取决于聚类质心的初始设置。
- 聚类结果是局部最优解之一。
- 预先不知道k的适当数目。
- 结果对偏离值敏感。
- 该方法只能应用于数值属性。
- 不能保证结果聚类是平衡的。

上述一些问题已经提供了解决方案。作为$k-\text{means}$方法的改进而开发的$k-\text{medoids}$方法可以用来处理非数值属性。代替$k-\text{means}$方法中的质心，$k-\text{modoids}$方法使用最靠近聚类分配中质心的代表性对象，尽管这两个算法基本上彼此相似。此外，用户不需要预先在$x-\text{means}$方法中提供特定值作为x。$x-\text{means}$方法可以通过重复$k-\text{means}$方法来创建适当数量的聚类，以便优化某个评价指标。

一旦进行聚类，接下来要做的是代表单个聚类。尽管对于某些应用程序来说只显示属于聚类的对象就足够了，但是通常期望在每个聚类中聚集对象，以便分析者更好地理解聚类。聚集的方法如下：

- 使用聚类质心。
- 使用聚类中频繁的数据。
- 构建分类器（例如，决策树），它可以将聚类内的数据与聚类外的数据区分开并解释分类器。

7.6 分层聚类

分层聚类是构建树结构聚类的方法。而另一方面，基于分区的聚类方法则可以在聚类间构建没有层次结构的平面聚类。当然，由分层聚类形成的聚类必须满足上述类似于基于分区聚类的聚类条件。

此外，分层聚类方法可以分类为从树叶向树根构建树结构聚类的方法以及从树根到树叶构建树结构聚类的方法。可以说，前者是自下而上的方法，持续合并类似的聚类，从一个状态开始，其中每个聚类只包含一个对象，直到聚类总数达到所需的数量。因此，聚类的数量逐渐减少。这种方法称为分层聚合聚类（Hierarchical Agglomerative Clustering，HAC）。

另一方面，后者是自上而下的方法，其从只有一个聚类包含所有数据的状态开始重复聚类的分割，直到总数达到期望数目。因此，总数逐渐增加。这种方法称为分层分割聚类（Hierarchical Divisive Clustering，HDC）。

这两个聚类的生长过程具有完全相反的方向。这两种方法将在下面解释。

（1）HAC

HAC 具有以下算法。设 n 为对象总数，k（$\leqslant n$）为所需的聚类数。

（算法）HAC

1. 使集合 C 中的每个聚类包含一个对象；/* 此时 $|C| == n$；

2. 重复以下过程，直到 $|C| == k$；

3. 从 C 中选出两个最相似的聚类 c_1 和 c_2，并从 C 中删除它们；/* 相似度测量将在后面描述；

4. 创建由 $c_1 \cup c_2$ 组成的新聚类 c_3（即，将 c_1 和 c_2 合并到聚类 c_3 中），并将其添加到 C；

作为 HAC 的结果所构建的树结构称为树形图。如果聚类沿着水平轴分布而相似性（或距离）沿着垂直轴分布，则从具有最大相似性的两个聚类开始合并聚类。换句话说，聚类越晚合并，它们越不相似。图 7.3 显示了一个树形图的示例。

在上述算法中，终止条件（$|C| == k$）可以改为以下条件：

- 只有一个聚类（$|C| == 1$）的条件。

存储所有中间聚类和相似性。然后，在当前最大相似性小于给定阈值之前，将一组聚类确定为最终结果。

接下来将描述聚类的相似性。因此，将考虑关于两个聚类相似性（或相异性）的度量。如果聚类相似，则相似度较大或相异度较小。这里我们将关注相异的程度。

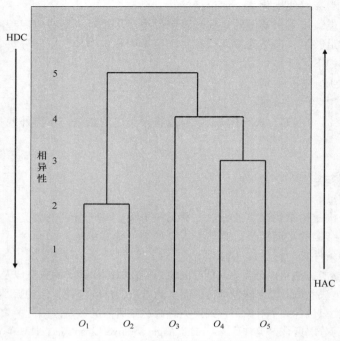

图7.3　分层聚类及其树形图

设三个聚类c_1、c_2和c_3中所包含对象的数量分别为n_1、n_2和n_3。此外，设两个对象p_1和p_2之间的相异性为$d(p_1, p_2)$。聚类c_1和c_2之间的相异性可以使用以下标准中的任一个来度量：

- 最小相异性：$\min\limits_{p_1 \in c_1 \text{且} p_2 \in c_2}\{d(p_1, p_2)\}$
- 最大相异性：$\max\limits_{p_1 \in c_1 \text{且} p_2 \in c_2}\{d(p_1, p_2)\}$
- 平均相异性：$\dfrac{1}{n_1 n_2}\sum\limits_{p_1 \in c_1, p_2 \in c_2} d(p_1, p_2)$

最小相异性也称为单链接（Single Link，SLINK），它等效于两个聚类之间的最短距离，即最近相邻对象之间的距离，其中每个最近相邻对象分别来自不同的聚类。使用最小相异性的聚类倾向于连接一系列中间聚类。因此，难以将真正不同的聚类彼此分离。这种性质称为链效应。在这种情况下，位于中间的聚类被称为噪声点。然而，使用最小相异性的聚类对于存在偏离值的情况是鲁棒的。聚类之间最小相异性的概念如图7.4a所示。

最大相异性也称为完全链接（Complete Link，CLINK），它等效于两个聚类之间的最长距离，即最远相邻对象之间的距离。尽管存在异常值时使用最大相异性的聚类不如使用最小相异性的聚类鲁棒，但是这样做容易使聚类结果更加紧凑。聚类之间最大相异性的概念如图7.4b所示。

平均相异性也称为平均链接或非加权配对算术平均法（Unweighted Pair Group Method With Arithmetic Mean，UPGMA）。总之，使用平均相异性的聚类具有上述两种聚类方法折中的特征。因此，基于平均的聚类对于噪声点和异常值是相当中性的。聚类之间平均相异性的概念如图7.4c所示。

除了上述三种方法之外，通常还会使用基于两个聚类的质心之间的距离（欧几里得距离）作为相异性度量的 Ward 方法（沃德法）如下：

- $\dfrac{n_1 n_2}{n_1 + n_2}|m_1 - m_2|^2$

其中，m_1 和 m_2 分别表示聚类 c_1 和 c_2 的质心。

这里有必要解释一下链效应，因为它并非一无是处。例如，如果将像日本群岛这样相当狭长的岛屿被合并到一个聚类，则链效应将比创建紧凑和紧密的聚类更合适。换句话说，选择哪种类型的相异性取决于你想要得到什么类型的聚类。

（2）Lance 和 Williams 系数

Lance 和 Williams 已经证明，使用原始聚类（c_1，c_2，c_i）之

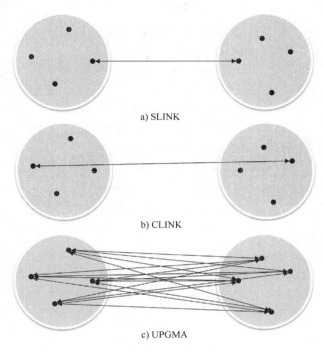

a) SLINK

b) CLINK

c) UPGMA

图 7.4 相异性

间的差异，新合并的聚类 c_3（$= c_1 \cup c_2$）和其他聚类（c_1，c_2）之间的差异可以通过下面的公式来统一计算。这确保了可以在常量时间内执行相异性计算。

- $d(c_1 \cup c_2, c_i) = a_1 d(c_1, c_i) + a_2 d(c_2, c_i) + bd(c_1, c_2) + c|d(c_1, c_i) - d(c_2, c_i)|$

上式中的四个系数 a_1、a_2、b 和 c 应根据使用的相异性种类来确定，如图 7.5 所示。

	a_1	a_2	b	c
SLINK	1/2	1/2	0	$-1/2$
CLINK	1/2	1/2	0	1/2
UPGMA	$\dfrac{n_1}{n_1 + n_2}$	$\dfrac{n_2}{n_1 + n_2}$	0	0
Ward	$\dfrac{n_1 + n_i}{n_1 + n_2 + n_i}$	$\dfrac{n_2 + n_i}{n_1 + n_2 + n_i}$	$-\dfrac{n_i}{n_1 + n_2 + n_i}$	0

图 7.5 Lance 和 Williams 系数

（3）HDC

HDC 是通过以下算法实现的。设期望的聚类数量为 k（$\leq n$）。

（算法）HDC

1. 从一个聚类中包含所有对象的聚类集 C 开始/ * 此时 $|C| == 1$；

2. 当给定条件（通常 $|C| < k$）为真时，重复以下过程 {

3. 从 C 中选择一个聚类 c，并从 C 中删除它；

4. 根据特定原则（例如，在最相似对象之间的距离被最大化的地方划分）将 C 划分为 l 个分区（通常，$l = 2$）；

5. 设这样的聚类是聚类 c_i（$i = 1$，…，l）并将它们添加到 C }

用于两个分区的 HDC 的概念如图 7.6 所示。

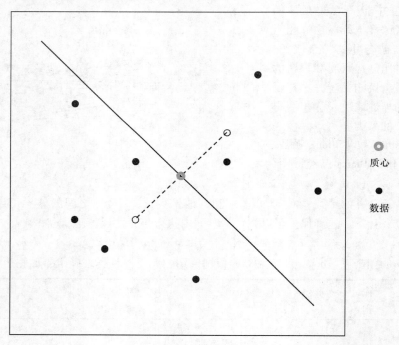

质心

数据

图 7.6 HDC

7.7 聚类结果的评价

在执行聚类之后，需要评价结果。然而，正如我们已经描述的那样，作为聚类的结果应当返回什么并没有一个正确的答案。因此，基本上很难评价所得到的聚类质量。尽管如此，将引入一些评价措施。

（1）由分析师评价

用户（特别是分析人员）评价聚类结果，并通过检查打分。由于人的评价往往容易带有主观性，因此有时需要采纳和平衡两个或更多用户的评价。

（2）熵

尽管通常不可能，但是如果有时每个数据应属的类别（即类）是预先知道的话，则假定每个类别分别对应于单独的聚类。也就是说，如果存在 k 个类别，则可以假设聚类的结果是 k 个聚类。在这样的前提下，熵（entropy）可以用作评估量度。

聚类 D_i 的熵按照下述公式计算：

- $entropy(D_i) = -\sum_{j=1}^{k} p_i(C_j) \log p_i(C_j)$

其中，$p_i(C_j)$ 表示数据比率；C_j 作为聚类 D_i 中所有数据的类别。整个聚类熵的计算如下：

- $entropy_{total}(D) = \sum_{i=1}^{k} \frac{D_i}{D} entropy(D_i)$

（3）纯度

纯度（purity）也是在与熵相同的前提下使用的量度。关于聚类 D_i 的纯度可通过以下公式计算：

- $purity(D_i) = \max_j(p_i(C_j))$

此外，整个聚类的纯度和熵一样计算如下：

- $purity_{total}(D) = \sum_{i=1}^{k} \frac{D_i}{D} purity(D_i)$

（4）内部测量

虽然诸如熵和纯度的量度也使用外部数据，但另一种量度仅使用给定数据。聚类的内聚度可以使用前面已经提到的平方误差来度量。此外，可以使用两个聚类的质心之间的距离来度量两个聚类之间的分离程度。

参 考 文 献

[Han et al. 2006] J. Han and M. Kamber: Data Mining: Concepts and Techniques, Second Edition, Morgan Kaufmann (2006).

[Tan et al. 2005] P.-N. Tan, M. Steinbach and V. Kumar: Introduction to Data Mining, Addison-Wesley (2005).

第8章 分　类

首先，在分类中，根据事先已知的数据的类或类别，来学习分类器以及用于向数据正确地分配适当类的机制（例如，分类规则）。其次，如果给出了新的数据，则使用学习的分类器对它们进行分类。本章还将描述这种分类器的构造方法。

8.1　动机

当有客户申请信用卡时，是否向客户发放信用卡是信用卡公司的重要问题。这个业务称为信用业务。通过了解过去与客户相关的数据，信用卡公司已经学习了关于是否向新客户发行卡的决定的规则，换句话说，这样的客户应该满足哪些条件。为了利用过去的数据样本来学习决策规则，以确定关于新数据的"是"或"否"或者为新数据分配适当的类，这一过程是分类［Mitchell 1997，Witten et al. 1999，Han et al. 2001，Hand et al. 2001］。特别地，此时用于做出决定的规则被称为分类规则。换句话说，分类的先决条件是数据应当属于的类（或类别）是预先已知的。如已经描述的，根据相似度将数据分割成组的聚类任务明显不同于分类任务，因为组的特性和名称在之前的任务中可能是预先未知的。

特别地，确定的结果是连续数值而不是离散值（即类）的分类被称为预测或回归。我们将在单独的章节中描述介绍预测。

8.2　分类任务

本节介绍分类的步骤以及分类的基本概念。分类包括两个步骤：学习步骤和分类步骤（狭义上）。让我们考虑一个由一组元组组成的数据库。更一般地，假设每个元组由多个属性描述。在学习步骤中，通过使用样本数据（即元组）来学习分类器。一般来说，要发现的知识或者要通过数据挖掘学习的模式或关系称为模型。除了分类器之外，模型还包括关联规则（即，频繁模式）和聚类结果。在分类步骤中，通过使用学习到的模型来分类新出现的数据。下面将详细说明这两个步骤。

（1）学习步骤

学习或构造作为模型的分类器，以便描述其类已确定的数据。数据库中每个元组都有一个类属性（目标属性），并存储类名作为其值。具有某个类作为其类属性值的元组被解释为属于该类。该模型通过分析一组元组来构造。在这个意义上，用于构建模型的一组样本数据被称为训练集。

每个样本都会预先给出各自的类名。因此，事先提供的分类称为监督学习。另一方面，聚类称为无监督学习，因为数据类别预先并不知道。这样学习的模型由决策树、规则或公式表示。

（2）分类步骤

通过使用由学习获得的模型（即，分类器）来分类新数据。现在让我们定义模型的准确性。为了确定模型的准确性，要使用被称为测试集的数据集，它由附带正确类名称的样本组成。模型的准确性是正确预测数与使用测试集的模型预测总数的比率。测试集通常不同于训练集。如果模型具有可以接受的精度，则该模型可用于对新数据进行的分类。注意，如果仅基于训练集评估准确度来选择模型，则该模型倾向于过拟合。这种评价被称为乐观评价。

预测离散类型的类属性值，其中区别值（即类标签）的数量相对较小，被称为分类，而预测连续类型的类属性值则被称为回归。分类的应用范围从定位结构化数据（例如，直接营销和信用业务）到定位相对而言非结构化数据（例如，社交数据和 Web 文档的分类）。

8.3　决策树归纳

决策树通常用作分类器。决策树是像流程图一样的树结构。决策树的非叶节点表示属性的条件测试，并且到子节点的每个分支表示测试的相应结果，而叶节点则表示确定的类。

现在让我们通过使用决策树来考虑未知样本的分类。从根节点到叶节点的路径对应于确定类的过程，并且在该路径末端的叶节点用于保存当时确定的类。可以直接将决策树转换为分类规则。总而言之，沿着由逻辑与（AND）连接的所有测试路径和由路径末端叶节点所表示的类分别对应于分类规则的前提条件和结论。

- 决策树的归纳算法

下面将描述决策树的归纳算法。它是一种称为 Quinlan 的 ID3 的基本算法 ［Mitchell 1997，Han et al. 2001］。该算法假定类别属性是离散类型。因此，如果将该算法应用于数字属性，则必须像在关联规则中那样离散属性值。

（算法）决策树归纳

输入：训练集和属性列表

输出：决策树

1. 为训练集中的样本创建单个节点 N；

2. 如果所有样本属于同一类，则让节点 N 是叶节点，用类名标记叶节点并终止；

3. 如果属性列表为空，则让节点 N 为叶节点，用默认类或最常见的类标记叶节点并终止；

4. 通过使用那些可以将样本划分到类的最佳特定度量（例如，信息增益）来选择测试属性；

5. 使用所选择的测试属性标记节点 N；

6. 对测试属性的每个值 a_i 执行以下过程 ｛

7. 从节点 N 创建分支（测试属性 = a_i）；

8. 设 s_i 是满足分支条件的样本集的子集；

9. 如果 s_i 为空，则将分支附加到标记有默认类或最常见类的叶节点；

10. 否则，令s_i和 ｛属性列表减测试属性｝ 分别是新训练集和新属性列表，递归地应用该算法，并附加到作为递归应用结果所返回的决策树分支；｝。

8.4 测量属性选择

这里我们将描述用于决策树归纳算法中选择适当属性时所使用的度量。经常使用的措施之一是称为信息增益或熵减少的措施。选择最大化度量值的属性作为测试属性。

假设样本S由s个样本片段组成，并且假定每个样本又由r个属性组成。假设样本的类属性具有表示类C_i（$i = 1, 2, \cdots, m$）的任何类标签。假定C_i包含如下的s_i片段：

- $S = \cup C_i$, $s = |S|$, $s_i = |C_i|$ （$i = 1, 2, \cdots, m$）

样本属于C_i的概率表示如下：

- $p_i = s_i/s$

期望熵由以下等式表示：

- $I(s_1, s_2, \cdots, s_m) = -\sum_{i=1}^{m} p_i \log_2 p_i$

另一方面，假设属性A具有区别值a_j（$j = 1, 2, \cdots, v$），则S可替代地表示如下：

- $S = \cup S_j$ （$j = 1, 2, \cdots, v$）

其中，S_j是满足条件$A = a_j$的S的子集。S_{ij}是S_j中属于类C_i的样本。如果选择A作为测试属性，则每个子集是来自于A的分支。

基于属性A划分的熵计算如下：

- $E(A) = \sum_{j=1}^{v} \left(\dfrac{\sum_{i=1}^{m} S_{ij}}{S} \right) \cdot I(S_{1j}, S_{2j}, \cdots, S_{mj})$

其中，每个子集S_j的熵表示如下：

- $I(S_{1j}, S_{2j}, \cdots, S_{mj}) = -\sum_{i=1}^{m} p_{ij} \log_2 p_{ij}$

这里，$p_{ij} = s_{ij}/|S_j|$，表示S_j的样本中属于C_i的样本的概率。

信息增益可以通过使用上述公式定义如下：

- $Gain(A) = I(s_1, s_2, \cdots, s_m) - E(A)$

该度量对应于一个熵，该熵通过已知属性A的值而变小。

针对每个属性计算信息增益，然后选择具有最大值的属性作为S的测试属性。也就是说，创建新节点并用测试属性标记，然后创建分支以便对应于具有相同属性值的样本。

例如，让我们考虑如图8.1所示的训练集。令s_1和s_2分别为买酒（Purchase Wine）这一决策中的决策"yes"和"no"，其熵计算如下：

- $I(s_1, s_2) = -\dfrac{9}{14}\log_2\dfrac{9}{14} - \dfrac{5}{14}\log_2\dfrac{5}{14} = 0.940$

接下来，让我们考虑"travel"属性的划分。"*travel* = like"的熵计算如下：

- $I(s_{11}, s_{21}) = -\dfrac{6}{8}\log_2\dfrac{6}{8} - \dfrac{2}{8}\log_2\dfrac{2}{8} = 0.811$

"*travel* = dislike"的熵计算如下：

RID	Age	Annual income	Sex	Travel	(CLASS) Purchase wine
1	<30	high	male	like	no
2	<30	high	male	dislike	no
3	[30, 39]	high	male	like	yes
4	≥40	medium	male	like	yes
5	≥40	low	female	like	yes
6	≥40	low	female	dislike	no
7	[30, 39]	low	female	dislike	yes
8	<30	medium	male	like	no
9	<30	low	female	like	yes
10	≥40	medium	female	like	yes
11	<30	medium	female	dislike	yes
12	[30, 39]	medium	male	dislike	yes
13	[30, 39]	high	female	like	yes
14	≥40	medium	male	dislike	no

图 8.1　训练集

- $I(s_{12}, s_{22}) = -\dfrac{3}{6}\log_2\dfrac{3}{6} - \dfrac{3}{6}\log_2\dfrac{3}{6} = 1.00$

因此，"travel" 属性划分的熵按如下计算：

- $E(travel) = -\dfrac{8}{14}I(s_{11}, s_{21}) - \dfrac{6}{14}I(s_{12}, s_{22}) = 0.892$

最后，这种情况下的信息增益计算如下：

- $Gain(travel) = I(s_1, s_2) - E(travel) = 0.048$

针对除 "travel" 属性之外的其他属性所计算的信息增益如下所示：

- $Gain(age) = 0.246$
- $Gain(income) = 0.029$
- $Gain(sex) = 0.151$

通过比较为每个属性所计算的信息增益值，选择具有最大值的 "age" 属性作为测试属性。对每个子树重复进行相同的处理。图 8.2 展示了 ID3 算法基于信息增益度量学习的决策树。

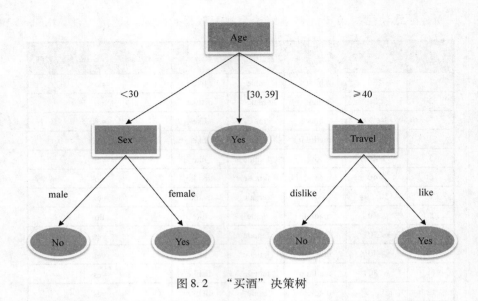

图 8.2 "买酒"决策树

8.5 创建分类规则

一旦引入决策树，就可以通过使用决策树直接创建分类规则。让我们考虑从根导向叶节点的一条路径。然后，与非叶节点对应的 < 属性，属性值 > 构成一个简单条件。沿着整个路径通过逻辑与（AND）连接的简单条件是规则的条件部分。另一方面，叶节点是规则的结论部分。例如，使用现在导出的决策树，将制定以下规则：

IF Age < 30 AND Sex = female THEN Purchase wine = Yes
IF 31 < = Age < = 39 THEN Purchase wine = Yes

8.6 扩展基本算法

对于基本的 ID3 算法，人们也考虑过一些扩展，如 C4.5［Mitchell 1997，Han et al. 2001］。尽管我们省略了关于它的详细说明，但是这样的扩展应包括以下方面：

- 扩展连续值的预测，例如回归树
- 使用替代措施来进行属性的选择（如 GINI 和 AIC），而不是再次使用信息增益
- 补全缺失值

然而，对于基本或扩展算法仍然存在需要解决的其他问题。其中之一是可扩展性。可扩展性问题将在单独的章节中描述为分类和其他数据挖掘任务。

8.7 模型精度

本节将描述模型的精度。如果训练集用于决策树的生成和精度测量，则估计可能是乐

观的，从而会导致使用决策树的错误结论。基于取样解决该问题的方法［Kohavi 1995，Han et al. 2001］已经有人提出，如下所示。

- 保持法

首先，在保持法中，将样本数据随机地分为训练集和测试集。这两个数据集的大小比通常为 2:1。然后，通过使用训练集生成分类器，通过单独使用测试集来计算精度。

这种方法是悲观的，因为它只使用一部分数据来评估准确性。由于随机采样被重复"保持" k 次，然后测量每个回合的精度并平均所有值，因此，该方法中会存在变化。

- k 次折中交叉验证

1. 首先，此方法将样本数据分割成大致相同大小的 k 个非重叠子集，即 $\{S_i\}$（ $i = 1$，2，…，k）。

2. 接下来，通过使用以下设置重复 k 次分类器的训练和测试。

3. ｛令数据子集 S_i 和其他子集 S_j（ $j \neq i$）分别是测试集和训练集｝。

通过将 k 次正确答案的总和除以回答总数来确定最终准确度。在该方法中存在称为分层交叉验证的变化，它使得每个子集的类分布与原始数据的类分布基本相同。

8.8　提高精度

在本节中，将解释分类器精度的提高。通常，存在一般方法，例如 Boosting 方法［Breiman 1996，Witten et al. 1999］和 Bagging 方法［Freund 1996，Witten et al. 1999］。这些方法的共同之处可以表示如下：

1. 创建一个 T 分类器序列 C_i；

2. 通过使用 C_i 构造最终的分类器 C^*。

这里将简要描述 Bagging 方法，以解释上述想法。

- Bagging（bootstrap aggregation）$^{\ominus}$

在学习时，依次创建 T 个单独的分类器。在分类器所创建的每次迭代（第 t 次迭代）中，通过从样本 $S(|S| = s)$ 采样来创建样本 S_t，然后基于 S_t 创建分类器 C_t。实际上，每个样本都是通过删除和替换训练数据来完成的。

在新数据的分类中，最终分类器 C^* 会取各个分类器 C_i 的分类结果的多数投票，并以该结果作为 C^* 的最终结果。在数值属性的情况下，应使用平均值而不是大多数投票。

8.9　其他模型

除了上面已经描述的决策树模型之外，还存在各种分类方法。其中一些将在下面简要介绍。

$\ominus$　Bagging 是引导聚合的缩写，这种方法的思想跟现代的投票制度如出一辙，一个人再精明，他的判断力也是有限的，但是如果能把一群人集中在一起投票，那么因为一个人所犯错误的概率就会被抵消，而最后所得出结论的正确性也会明显优于一个人做出的决策。——译者注

- k – NN（k 最近邻）

k – NN［Mitchell 1997，Hand et al. 2001］将 k 个最近邻的分类结果的多数投票给未知数据，并将结果作为未知数据的最终分类结果。如果数据由 n 维向量表示，则 k – NN 通常使用 n 维空间中的欧几里得距离，以便测量数据与最近邻之一之间的相似度。

k – NN 直到它需要分类的未知数据没有类标签时，才会开始学习。在这个意义上，k – NN有时被称为懒惰学习者。因此，在实际分类时，k – NN 首次进行类确定所需的计算。与其他称为急切学习的分类器（例如，决策树）相比，通常 k – NN 在分类步骤中需要更高的成本，尽管 k – NN 在学习步骤中不需要成本。

这里让我们考虑这个方法的复杂性。假设需要 p 时间来计算查询和一块数据之间的距离，一般来说它需要 $O(np)$。因此，为了有效地选择样本，需要索引。Yu 和其他人［Yu et al. 2001］的一项工作可以定位为在这个方向的研究。我们将在 Web 挖掘的章节中再次涉及 k – NN。

- 朴素贝叶斯

有一种基于概率理论被称为朴素贝叶斯的分类方法［Langley et al. 1992，Mitchell 1997，Han et al. 2001］。在观察事件 X 之后假设 H 所保持的概率 $P(X|H)$ 被称为后验概率。另一方面，$P(H)$ 被称为先验概率。例如，由 n 个属性组成的样本 X 属于类 C_i 的概率表示为 $P(C_i|X)$。假设类的总数等于 m，分类问题可以按如下改写。

1. 找到最大化 $P(C_i|X)(i=1,2,\cdots,m)$ 的 C_i。

根据贝叶斯定理，上述概率可以按如下改写。

$$P(C_i|X) = P(X|C_i)P(C_i)/P(X)$$

由于 $P(X)$ 对于所有类是恒定的，因此，只需最大化 $P(X|C_i)P(C_i)$ 便可以最大化该表达式。这里，估计 $P(C_i)=s_i/s$。设 s 和 s_i 分别是样本总数和由 C_i 包括的样本数量。假设属性的值彼此独立（朴素贝叶斯假设），则 $P(X|C_i)$ 可以按如下方式进行变换：

$$P(X|C_i) = \prod P(x_j|C_i)$$

设 s_{ij} 是由 C_i 所包含的样本的数目，其中 $A_j=x_j$，类别属性 A_j 的值为 x_j 的概率等于 $P(x_j|C_i)=s_{ij}/s_i$。这里，假设 $P(x_j|C_i)$ 将遵循连续值的高斯分布。

例如，让我们考虑一个年龄 < 30 岁、收入低、不喜欢旅行的人是否会买葡萄酒。相关概率计算如下。

$P(\text{Purchase wine}=\text{Yes})=9/14$

$P(\text{Purchase wine}=\text{No})=5/14$

$P(\text{Age}<30|\text{Purchase wine}=\text{Yes})=2/9$

$P(\text{Age}<30|\text{Purchase wine}=\text{No})=3/5$

$\vdots$

$P(\text{Travel}=\text{dislike}|\text{Purchase wine}=\text{Yes})=3/9$

$P(\text{Travel}=\text{dislike}|\text{Purchase wine}=\text{No})=3/5$

通过使用这些值来计算要最大化的概率，并且进行如下比较：

$$P(\text{Yes})P(<30|\text{Yes})P(\text{Low}|\text{Yes})P(\text{Male}|\text{Yes})P(\text{dislike}|\text{Yes})=0.0053$$

$$P(\text{No})P(<30|\text{No})P(\text{Low}|\text{No})P(\text{Male}|\text{No})P(\text{dislike}|\text{No})=0.0206$$

因此，在朴素贝叶斯方法中，对于该示例，将"No"分配给"Purchase Wine"（类属性）。

如上所述，通过假设属性之间的独立性，可以减少朴素贝叶斯方法的计算复杂度。但也有一些方法会考虑依赖性［Mitchell 1997，Han et al. 2001］。

- 支持向量机（Support Vector Machine，SVM）

第一个 SVM［Burges 1998］将训练集分成反例和正例。然后，由 SVM 来确定正例和反例数据之间的超平面，目标是最大化超平面与正例和反例之间的间隔（支持向量之间的距离对应于每种情况下边缘之间的距离）。我们将在 Web 挖掘章节中更详细地描述 SVM。

参 考 文 献

[Breiman 1996] L. Breiman: Bagging predictors.Machine Learning 24(2): 123–140 (1996).

[Burges 1998] Christopher J.C. Burges: A Tutorial on Support Vector Machines for Pattern Recognition. Data Mining and Knowledge Discovery 2(2): 121–167 (1998).

[Freund 1996] Yoav Freund and Robert E. Schapire: Experiments with a new boosting algorithm. In Proceedings of International Conference on Machine Learning, pp. 148–156 (1996).

[Han et al. 2001] Jiawei Han and Micheline Kamber: Data Mining: Concepts and Techniques, Morgan Kaufmann, August 2001.

[Hand et al. 2001] D. Hand, H. Mannila and P. Smyth: Principles of Data Mining, MIT Press (2001).

[Kohavi 1995] Ron Kohavi: A Study of Cross-Validation and Bootstrap for Accuracy Estimation and Model Selection. In Proceedings of IJCAI, pp. 338–345 (1995).

[Langley et al. 1992] Pat Langley, Wayne Iba and Kevin Thompson: An Analysis of Bayesian Classifiers. In Proceedings of National Conference on Artificial Intelligence, pp. 223–228 (1992).

[Mitchell 1997] Tom M. Mitchell: Machine Learning, McGraw-Hill (1997).

[Witten et al. 1999] Ian H. Witten and Eibe Frank: Data Mining: Practical Machine Learning Tools and Techniques with Java Implementations, Morgan Kaufmann, October 1999.

[Yu et al. 2001] Cui Yu, Beng Chin Ooi, Kian-Lee Tan and H.V. Jagadish: Indexing the Distance: An Efficient Method to KNN Processing. In Proceedings of the 27th International Conference on Very Large Data Bases, pp. 421–430 (2001).

第 9 章　预　　测

上一章中描述的分类通常从给定变量确定离散类别。而在本章中，作为类似于分类的任务，我们将解释如何基于其他变量来对连续变量进行预测。在预测中，前者和后者分别称为自变量和因变量。由于技术上将因变量作为自变量的函数来预测，因此我们将概述作为基本方法的回归和作为高级方法的多变量分析。基于这些技术的模型构建是必不可少的，只有这样才能在建立大数据应用系统的概念层上创建和确认具体的定量假设。

9.1　预测和分类

分类和预测有很多共同点。这里将首先解释分类和预测之间的关系。

在分类中，首先，如果提供数据（即，具有属性的记录）和数据所属类别（即分类）作为样本，则可基于其中的一部分或全部来学习分类器。在分类的实际部署中，如果提供其类别尚属未知的新数据，则可通过使用学习的分类器根据属性值来确定它们所属的类别。

分类中的类别可以被认为是等同于定类变量或定序变量。换句话说，这样的分类变量可以被认为是将各个类别作为离散值的变量。

假设存在由自变量确定的连续因变量，如果因变量的具体值可以通过某些方法变为离散值，则在某些情况下，因变量就可以被认为是一种分类变量。总之，基于自变量，无论它们是离散的还是连续的，分类都对应于预测离散因变量（即，类别变量）的值。

实际上，作为决策树的扩展，人们创造了回归树，它可以处理连续值。然而，它们可以被认为是类似于预测的技术。基于在树上的自变量，无论离散还是连续，由它们确定的因变量的值，通常取连续值。如果可以通过任何方式将连续因变量离散化，则可以采用分类技术来预测值。然而，通常不适合或者本质上难以将连续变量离散化。总而言之，离散化意味着用片段的单个标识符来表示包含在某个片段中的所有不同的连续值。一般来说，在离散变量的情况下，预测值无法达到足够的期望精度。如果要提高精度，则所需的片段数将接近原始变量的特殊值，并且将变得巨大。此外，用于分类的技术不一定能处理大量类别。

概念上，分类中的离散分类变量甚至可以扩展到连续变量（即因变量），并且它们的值是基于因变量之外的变量（即自变量）来预测的。如上所述，将分类技术直接应用于预测是不合适的。因此，下面将解释适合于分类的那些不同的预测技术。

还请注意，关于准确性的概念在分类与预测之间有所不同。通常在分类中，分别准备用于构建分类模型的数据和用于确认分类模型准确性的数据。在分类中，模型构造和确认使用相同数据的方案称为乐观方案，这种方案应尽量避免。另一方面，在预测中，根据用于构建模型的可观察值与由模型预测值之间的差异来计算模型的准确度（更准确地说，拟合）。

9.2 预测模型

一般来说，预测中的自变量和因变量分别表示原因和影响。因此，可以使用自变量的值来预测因变量的值。这里，假设可以观察到自变量和因变量。此外，暂时假设参与预测的所有变量都取连续值。

这里还要解释一下回归模型，它可以用来预测作为自变量函数的因变量。单一自变量参与的情况被称为简单回归模型，而涉及两个或多个自变量的情况则称为多元回归模型。首先，我们将说明简单地由线性函数表示的线性回归模型。然后，再来说明更为高级的多变量分析方法模型，如路径分析模型、多指标模型和因子分析模型。

9.2.1 多元回归模型

首先，将说明通常由两个或更多自变量预测一个因变量的多元回归模型。这里，使用涉及三个自变量的简单示例来解释多元回归模型。假设因变量（X_4）可以由三个自变量（X_1，X_2，X_3）表示如下：

- $X_4 = \alpha_4 + \gamma_{41}X_1 + \gamma_{42}X_2 + \gamma_{43}X_3 + e_4$

其中，α_4、$\{\gamma_{41}, \gamma_{42}, \gamma_{43}\}$ 和 e_4 分别表示截距、部分回归系数和误差。截距是在所有自变量都为 0 的情况下的预测值；变量的部分回归系数表示在变量的值增加一个单位并且其他变量都保持不变的情况下，预测值的增加；误差是除可观察变量之外的残差。

每个变量的平均值（期望值）和方差可以分别用 0 和 1 标准化，而不失一般性。那么 α_4 可以设置为 0。每个自变量的乘积的期望值和误差也被假定为 0。一般来说，假设在两个自变量之间存在相关性（即协方差）。

确定变量的偏回归系数，使得变量的观测值和预测值之间的差（即误差）的平方和尽可能小。这里将要介绍确定系数。它按 X_4 的观测值和预测值之间的多相关系数 R 的平方计算。由 R^2 表示的确定系数的定义如下：

$$R^2 = 1 - \frac{\sum (观测值 - 预测值)^2}{\sum (观测值 - 观测值的平均值)^2}$$

多相关系数的意义可以解释为自变量对因变量预测的贡献。此外，还有几个指数可以作为模型的拟合。例如，经常使用的卡方统计量。可以通过观察值和预测值之间的差异来测量拟合优度。除了卡方统计之外，还存在许多模型拟合的指标，例如 GFI。

多元回归模型将通过使用虚拟示例来解释。让我们考虑以里程、使用年数和距下一次法定检查的月份数作为自变量，以所要预测的铁路车辆的安全性作为因变量，假定安全性可以通过事故率来计算。该模型如图 9.1 所示。

在该图中，R^2 表示模型的确定系数，并且从每个自变量到因变量的路径上的值（例如 $\gamma_{安全使用年数}$）表示部分回归系数。

9.2.2 非线性函数的变换

这里，我们将从除自变量的数值之外的角度来说明多元回归模型和简单回归模型之间

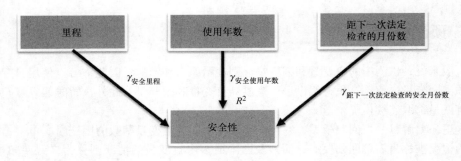

图 9.1   多元回归模型

的关系。显然，简单回归模型对应于仅涉及单个自变量的简化多元回归模型。因此，一般简单回归模型可表示如下：

- $Y = cX + e$

然而，视简单回归模型所应用的场景不同，一个自变量的非线性函数可能比线性函数更能精确地预测因变量。下面将考虑用一个自变量的非线性函数来预测因变量的情况。例如，让我们考虑使用自变量的三阶多项式函数作为一种非线性函数来预测因变量如下：

- $Y = aX^3 + bX^2 + cX + e$

通过使用关于多元回归模型的知识，我们可以考虑上述多项式函数的变换。如果分别引入三个新变量 $X_3 = X^3$、$X_2 = X^2$ 和 $X_1 = X$，则上述公式将变成包含三个自变量 X_1、X_2 和 X_3 的多元回归模型。通常，通过引入两个或更多新的自变量（而不是一个自变量），可以将最初由一个自变量的非线性多项式表示的简单回归模型转换为由两个或更多个自变量组成的多元线性回归模型。因此，使用这种方式构建的多元回归模型，可通过自变量预测因变量。通常，在 p 阶多项式的情况下，需要多于 p 个的不同数据。特别地，仅在自变量的值在小范围内变化且阶数 p 较小的情况下，才推荐使用该技术预测。

9.2.3　路径分析模型

让我们再次考虑 9.2.1 节多元线性回归分析的例子。如果更深入地考虑这个例子，使用年数很可能会影响里程。此外，预计使用年数和距下一次法定检查的月份数之间没有关系。如果考虑这样的条件，这个例子将超过多元回归模型的能力。这是因为多元回归模型通常假定只存在一个受自变量影响的因变量，并且在自变量之间存在相关性。然而，自变量之间存在"太强"的相关性引发了多重共线性问题。

可以直接处理这种约束的分析模型之一是路径分析模型［Kline 2011］，表示该示例的路径分析模型如图 9.2 所示。

在路径分析模型中，诸如 $\gamma_{安全使用年数}$ 之类的附加到路径的每个值称为路径系数，它等价于多元回归模型中的部分回归系数（见图 9.2）。通过类似于先前的标准化，变量的平均值和方差分别被设置为 0 和 1。

在这个例子中，使用年数可以通过两条路径影响安全性。一条直接路径对应于使用年数对安全的直接影响，而经过里程的另一条间接路径对应于间接效应。间接路径上所有系数的乘积累积了间接效应。以起源于自变量使用年数和到达因变量安全性的所有路径的影

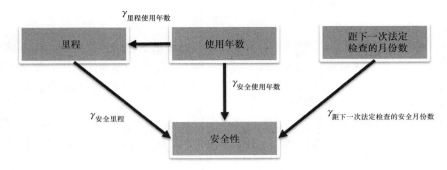

图9.2 路径分析模型

响的总和作为整体，计算自变量对因变量的累积贡献，即从使用年数到安全性的总效应。也就是说，在这种情况下总效应是使用所有路径系数计算的，如下所示：

$$\gamma_{里程使用年数} \times \gamma_{安全里程} + \gamma_{安全使用年数}$$

9.2.4 多指标模型

到目前为止，我们已经假定可以观察到所有的变量。然而，实际上并不是总能观察到所有变量，而是可以观察到自变量和因变量。一些应用程序需要处理抽象概念，如智能和流行。我们不可能知道这些抽象概念会对应于什么样的值，也不可能观察到该值。

考虑这种隐结构作为分析目标而发明的技术统称为协方差结构分析或结构方程模型（Structural Equation Modeling，SEM），它包括因子分析模型和多指标模型。这里，未观察到的变量称为隐变量。

首先，将描述多指标模型。多指标模型假设隐变量之间存在因果关系。包含两个隐变量（F_1和F_2表示两个因子）的多指标模型如图9.3所示。其中，因子F_1影响因子F_2。

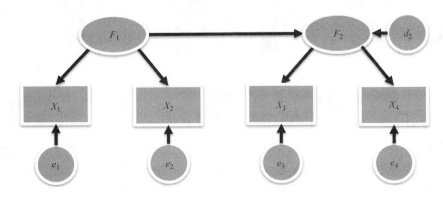

图9.3 多指标模型

$X_1 = \lambda_{11} F_1 + e_1$：测量方程
$X_2 = \lambda_{21} F_1 + e_2$
$X_3 = \lambda_{32} F_2 + e_3$

$X_4 = \lambda_{42} F_2 + e_4$

$F_2 = \gamma_{21} F_1 + d_2$：结构方程

λ_{11}、λ_{21}、λ_{32}、λ_{42}、γ_{21} 等效于多元线性回归模型中的部分回归系数，也称为路径分析模型中的路径系数。涉及可观察变量的方程和仅涉及隐变量的方程分别称为测量方程和结构方程。然而，它们都具有完全相同的结构。每个因素的期望值和方差分别标准化为 0 和 1。此外，假设因子之间存在因果关系。

e_i 和 d_2 不能被观察到。从这个意义上讲，它们也是一种隐变量，可以说它们是误差。此外，假设在误差为 $\{e_i, d_2\}$ 的两个不同元素之间，以及在任何因子和任何误差之间不存在相关性。

9.2.5 因子分析模型

如多指标模型一样，因子分析模型考虑两个或多个隐变量。因子分析模型中的隐变量称为公因子或短因子。因子分析模型通常假定观察变量可以由两个或更多隐变量来解释。

另一方面，与多指标模型不同，因子分析模型不允许隐变量（即因子）之间存在因果关系，也不允许观察变量之间存在因果关系。然而，一般来说，因子分析模型假设因子间的相关性和观察变量之间的相关性。

在因子分析模型中，因子作为常见原因引起两个或多个变量之间的相关性。例如，由四个观测变量和两个因子组成的简单模型表示如下（见图 9.4）：

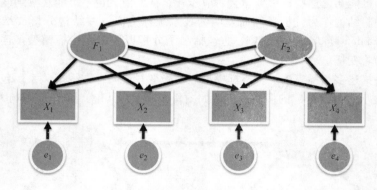

图 9.4 因子分析模型

$X_1 = \lambda_{11} F_1 + \lambda_{12} F_2 + e_1$

$X_2 = \lambda_{21} F_1 + \lambda_{22} F_2 + e_2$

$X_3 = \lambda_{31} F_1 + \lambda_{32} F_2 + e_3$

$X_4 = \lambda_{41} F_1 + \lambda_{42} F_2 + e_4$

到目前为止，称 λ_{ij} 为路径系数，特别地，在因子分析模型中称它为因子负载。在该示例中，每个观察到的变量都受到两个因子的影响。

9.2.6 因子的旋转

如已解释的，探索性数据分析作为假设构建任务，而确认数据分析则作为假设验证任务。特别是在因子分析中，前者和后者分别被称为解释性因子分析和确认性因子分析。

对于确认性因子分析，在代表因子影响的因子负载中，一些因子负载固定为常数（通常为 0），其余的因子负载则被假定为可变参数。另一方面，解释性因子分析可以用来确定所有因子负载，而不必再选择特定因子负载并将值固定为常数作为确认因子分析。

在这里，考虑探索性因子分析模型。

首先，两个或更多因子被假定为正交坐标系中的一组基向量。如果这些因子没有相关性，则实现该假设。然后，每个变量可以被认为是在具有因子负载作为分量的正交坐标系中的向量。如果可以改变因子负载（即向量的分量），使得即使该正交坐标系被旋转，向量之间的长度和相对空间关系也依然保持不变，那么就可以说该向量的集合表示原始变量的集合。

现在，通过使用任意的正交矩阵（即方阵 S 的转置矩阵与它的逆矩阵相同），变量和因子之间的关系可以做如下变换：

$$x = \Lambda f + e = (\Lambda S^{\mathrm{T}})(Sf) + e$$

向量 x、f 和 e 分别表示观察到的变量、因子和误差。矩阵 Λ 表示因子负载。这里，如果将 Sf 和 ΛS^{T} 分别作为新因子和新因子负载，则观测变量的值保持不变。

首先，正交矩阵通常可以用来表示向量的旋转。也就是说，坐标系的旋转和因子负载的调整可以通过正交矩阵来完成。一般来说，如果两个向量不改变相对空间关系，则它们之间的相关系数也不会改变。因此，由方差和协方差组成的矩阵也不会改变。总之，基于协方差（或相关性）的解释性因子分析模型基本上具有旋转自由。

接下来，将考虑两个或更多因子之间存在相关性的情况。在这种情况下，所需要的仅仅是考虑用于变换的倾斜坐标系，而不是正交坐标系。在这种情况下，不是使用正交矩阵而是使用规则矩阵来旋转向量。

规则矩阵是具有逆矩阵的方阵。因此，规则矩阵也称为可逆矩阵。也就是说，即使任意规则矩阵 T 产生新因子 Tf 和新因子负载 ΛT^{-1}，方差 – 协方差矩阵仍保持不变。假设在正交矩阵的情况下，如果原始因子和因子负载分别由使用规则矩阵的新因子和因子负载代替，则可以执行任意旋转（如，倾斜旋转）。

如上所述，不管因子之间是否存在相关性，因子分析模型都具有旋转自由，因此具有不能唯一确定模型的问题。作为因子分析中这种模型识别问题的解决方案，人们提出了一种强调因子负载值差异的选择变换矩阵的方法。也就是说，变换矩阵使得接近 0 的负载更靠近 0，而远离 0 的负载则进一步远离 0。

9.2.7　结构方程模型研究

这里我们将再次解释协方差结构模型或结构方程模型（SEM），它们都可以根据观察变量之间的方差和协方差来建模因果关系。

首先，定义基本概念。关于一个变量 x 的平均值和方差的定义如下：

- $m_x = \dfrac{1}{n} \sum\limits_{i}^{n} x_i$

- $s_{xx} = \dfrac{1}{n-1} \sum\limits_{i}^{n} (x_i - m_x)^2$

两个变量 x 和 y 的协方差表示为如下的方差：

- $s_{xy} = \dfrac{1}{n-1} \sum\limits_{i}^{n} (x_i - m_x)(y_i - m_y)$

此外，相关系数的定义如下：

- $r_{xy} = \dfrac{s_{xy}}{\sqrt{s_{xx} \cdot s_{yy}}}$

因此，协方差为 0 的事实与相关性为 0 的事实一致。两个变量的相关性为 0 意味着变量没有相互关联，即不相关。此外，如果每个变量标准化使得方差为 1，则协方差和相关系数相等。

再次考虑下面的例子（见图 9.5）。

- $X_1 = \lambda_{11} F_1 + e_1$
- $X_2 = \lambda_{21} F_1 + e_2$
- $X_3 = \lambda_{32} F_2 + e_3$
- $X_4 = \lambda_{42} F_2 + e_4$
- $F_2 = \gamma_{21} F_1 + d_2$

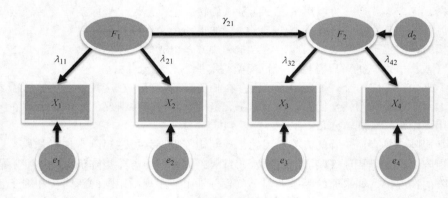

图 9.5　结构方程模型（SEM）

这里将考虑以方差和协方差作为其分量的矩阵。这样的矩阵被称为方差 – 协方差矩阵。上述模型中隐变量 F_1 和 F_2 的方差 – 协方差矩阵可表示如下：

- $\begin{pmatrix} \mathrm{var}(F_1) & \mathrm{cov}(F_1, F_2) \\ \mathrm{cov}(F_2, F_1) & \mathrm{var}(F_2) \end{pmatrix}$

矩阵中的每个分量都可以被表示为变量之间直接路径的一个路径系数（即，直接效应）或者间接路径的路径系数的乘积（即，间接效应）。如果在变量之间有两条或多条路径，则该分量表示为变量之间路径系数的和或者每条路径的路径系数的乘积（即，总效应）的和。假设隐变量是标准化的，一些分量具体表示如下：

- $\mathrm{var}(F_1) = \varphi = 1$
- $\mathrm{cov}(F_1, F_2) = \gamma_{21} \varphi = \gamma_{21}$

观察到的变量 X_i 的方差 – 协方差矩阵也可表示如下：

$$
\bullet \quad \begin{pmatrix} \mathrm{var}(X_1) & \mathrm{cov}(X_1,X_2) & \mathrm{cov}(X_1,X_3) & \mathrm{cov}(X_1,X_4) \\ \mathrm{cov}(X_2,X_1) & \mathrm{var}(X_2) & \mathrm{cov}(X_2,X_3) & \mathrm{cov}(X_2,X_4) \\ \mathrm{cov}(X_3,X_1) & \mathrm{cov}(X_3,X_2) & \mathrm{var}(X_3) & \mathrm{cov}(X_3,X_4) \\ \mathrm{cov}(X_4,X_1) & \mathrm{cov}(X_4,X_2) & \mathrm{cov}(X_4,X_3) & \mathrm{var}(X_4) \end{pmatrix}
$$

类似地，一些分量具体表示如下：

- $\mathrm{var}(X_1) = \lambda_{11}^2 + \theta_1 = 1$
- $\mathrm{cov}(X_1, X_2) = \lambda_{11}\lambda_{21}$
- $\mathrm{cov}(X_1, X_3) = \lambda_{11}\gamma_{21}\lambda_{32}$

其中，θ_i 表示误差 e_i 的方差。

因此，协方差结构模型或结构方程模型（SEM）具备综合表示已经描述的，诸如多元回归模型、路径分析模型、多指标模型和因子模型等各种模型的能力。有关结构方程模型（SEM）的详细信息，请参阅 [Kline 2011]。

9.2.8 因子修正或降维

再次考虑在因子分析模型中所引入的因子的作用。引入因子作为影响观察变量的隐变量。从结构上讲，一个因子可以看成是封装两个或多个观察变量的变量。因此，这些因子可以减少所观察到的变量的数量。当然，该特征不一定能解决计算复杂性的可扩展问题。然而，它至少在概念层面有助于解决降低维度的问题。

这里，将集体审查可用于降低维度的数据挖掘技术。其他可扩展性相关技术则将在单独的章节中解释。

在关联分析的概念层次中，通过概念性地抽象项目并使用与超级概念相对应的项目，可以大大减少维度。然而，由于这种做法通常趋向于增加项目集的支持计数，所以它可能使得吞吐量（即，数据库访问）相当大。

潜在语义索引（Latent Semantic Indexing，LSI）常用于聚类和搜索文本文档。首先，LSI 执行奇异值分解（Singular Value Decomposition，SVD）。然后，LSI 选择 n 个最大奇异值，使得 n 小于原始数据的维度，并且通过使用与所选择的奇异值相对应的维度将原始数据嵌入到较低维空间中。LSI 选择维度以便尽可能好地表示原始数据。

在聚类分析中，位置保留索引（Locality – Preserving，Indexing，LPI）[Cai et al. 2005] 也可用于减少维度。该方法基于由 $k – NN$ 包括的数据向量的内积或余弦度量，将数据从较高维空间映射到较低维空间，保持数据之间的相似性。LPI 和 LSI 都使用 SVD 来去除等于 0 的奇异值。然而，LPI 的主要目的是保持映射中的数据之间的距离，而 LSI 则旨在在嵌入中很好地表示原始数据。

然而，如果维度的原始数量为 N，数据量为 $O(N)$，那么对于常用的 SVD 方法（如 QR），其计算复杂度为 $O(N^3)$。因此，在高维度的情况下，仅仅应用基于 SVD 的方法可能会出现问题。

自组织图（Self – Organizing Map，SOM）可以分组相似的数据，如聚类分析，也可用于低维空间中数据的可视化。对于输入层的高维度数据，SOM 在输出层的节点（单位）中找到与原始数据具有相同维数并且最接近数据的权重向量节点，它是较低维（通常为二维或三维）合成物。这样的节点被称为最佳匹配单元（Best Matching Unit，BMU）。此外，SOM 在输出层将 BMU 和最近节点的权重向量更新为 BMU，使得这些节点更接近输入数据。SOM 单调地减小 BMU 的最近节点的搜索范围和上述处理的每次重复中的向量权重的增量值。因此，在可视化阶段，由 SOM 收集的类似节点可以构成聚类，因为每个输入数据被分配给最近的节点。对于 SOM 的并行分布式处理，笔者和笔者的同事［Goto et al. 2013］使用散列函数，可以在 Hadoop 的 MapReduce 环境下搜索 BMU 中保留向量之间的邻近度。

分类中的属性删除是仅为分类任务选择重要属性。无论启发式方法在优化精度的目标时是基于相关性分析还是系统方法，这样做都相当于直接降维。

因子分析模型中的因子可以用第 2 章中介绍的 MiPS 模型的大对象来表示。在这种情况下，依赖于因子的变量对应于大对象的属性。多指标模型中的因子则也可以类似地由大对象表示。因此，可以至少在大对象概念级别降低属性级别的高维度灾难。

参 考 文 献

[Cai et al. 2005] Deng Cai, Xiaofei He and Jiawei Han: Document Clustering Using Locality Preserving Indexing, Ieee Transactions on Knowledge and Data Engineering 17(12): 1624–1637 (2005).

[Goto et al. 2013] Yasumichi Goto, Ryuhei Yamada, Yukio Yamamoto, Shohei Yokoyama and Hiroshi Ishikawa: SOM-based Visualization for Classifying Large-scale Sensing Data of Moonquakes, In Proc. 4th International Workshop on Streaming Media Delivery and Management Systems, Compiegne France (2013).

[Kline 2011] R.B. Kline: Principles and practice of structural equation modeling, Guilford Press (2011).

第 10 章　Web 结构挖掘

本章介绍了 Web 挖掘的基本概念，并着重介绍 Web 结构挖掘。首先，将文献计量学作为 Web 结构挖掘的初步阶段引入，然后将研究人员对网页所进行的学术价值上的计算作为 Web 结构挖掘来介绍。

10.1　Web 挖掘

数据密集型 Web 系统通常包括 Web 内容（即网页），Web 服务器中的 Web 访问日志（即用户访问历史）和后端的数据库（见图 10.1）。换句话说，这样的网络系统作为一个整体构成了一个网络数据库系统。在这些数据中，内容被建模为网页和链接（超链接）的图形结构，分别对应于节点和边。狭义地讲，网页内容可以是除链接之外的媒体数据，例如网页内的文本和照片。笔者也对此持这种观点。

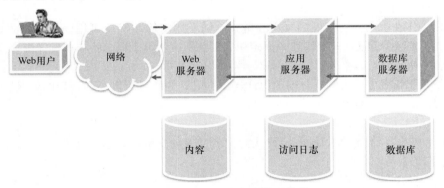

图 10.1　Web 数据库的体系结构

在这里，我们将链接、页面中的文本和访问日志作为 Web 挖掘的目标。后面将分开描述挖掘多媒体数据和数据库。因此，根据其主要目标的不同，Web 挖掘可大致分为以下三种类别：

1. 结构挖掘以网页的图形结构为目标（即链接结构）。

2. 内容挖掘以网页的内容（即文本）为目标。

3. 历史挖掘以 Web 访问日志为目标。

请注意，一些研究或技术可能完全严格的只被归为某一个类别。

本节中，那些能够通过分析 Web 的图结构来发现有意义的模式和结构的技术将按如下的顺序进行介绍：

- 文献计量学（影响因子和 h 指数）
- Web 链接分析（声望、PageRank 和 HITS）

10.2　结构挖掘

10.2.1　文献计量学

文献计量学一直是一个独立的科学领域，在网络出现之前，它旨在通过对著作和作者进行定量分析，达到识别文学作品（特别是学术书籍和论文）和作者以及他们之间关系的目的。到目前为止，文献计量学已经发展出了下面的概念和定律：

- Lotka 定律是关于写作生产力的统计法。
- Zipf 定律是关于著作内容的统计法。
- 某个著作被另一篇著作引用的次数与被引著作的影响力密切相关。
- 共引是指同时被某一著作引用的两个或两个以上的著作（即两个或两个以上的著作在引用中一致）可用于测量被引用著作之间的相似性。
- 共同参考指引用同一著作的两个或两个以上的著作，可用于测量引用著作之间的相似性。
- 影响因子通过分析在学术期刊上发表的著作的被引用次数来计算，根据该数据可衡量期刊的影响力。

如果著作和引用分别扩展到页面和链接，则上述定律和概念可用于分析网页以及文章。首先，简要介绍 Lotka 定律和 Zipf 定律，有关引文的其余概念将在稍后详细描述。

（1）Lotka 定律

这是关于作者生产力频率分布的统计规律。记 P 为作者所发表的著作的数量，A 为该作者所对应的频率，那么有下面的经验规则：

- $A \propto P^{-c}$

其中，c 是正数（约为 2）。Lotka 定律认为作者发表的文章数越多，其发表的频率就会越小（见图 10.2a）。

（2）Zipf 定律

这是一个关于一篇著作中出现的单词的频率分布的定律。令 R 为著作中单词按照其使用频率由高到低排序时某个单词对应的次序号，令 W 是频率，则有下面的经验法则成立：

- $W \propto R^{-1}$

Zipf 定律认为，单词的频率与其次序号成反比（见图 10.2b）。Litka 定律和 Zipf 定律都是有力的规则［Broder et al. 2000］。

10.2.2　引用参考数据库和影响因子

（1）引用参考数据库

关于引用，我们将介绍 Web 上可用的被引文献的数据库。Google 学术搜索［Google Scholar 2014］和 CiteSeer[X]［CiteSeer[X] 2014］都是关于引用参考数据库的 Web 服务，它们允许用户找到引用了某一篇论文的所有论文，并知道引用的次数。

作为 Google 提供的服务之一，Google 学术搜索能够使用户通过指定搜索词、作者、标题、关键字和发布时间（如果需要）检索文献信息。诸如标题、作者、来源、电子版

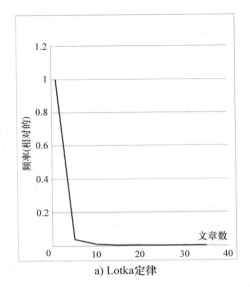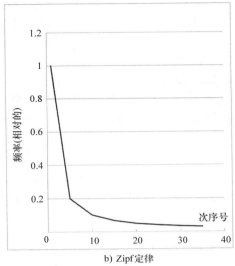

图 10.2　关于作者生产力频率分布的统计规律

（PDF 和 PS 格式）、引用它的论文、引用它的位置，以及引用的数量等信息可以构成返回的搜索结果。因此，页面和链接分别对应于论文和论文之间的引用关系。

通常，这些引用的文献数据库是基于 Web 上的数据自动构建的。也就是说，利用国际会议的议程或与期刊的出版内容相关的信息来收集论文，而这些信息则可通过搜索引擎的执行、监视邮件列表和发布网站，以及直接访问出版公司的网站来获取。对所收集文献的分析也是自动进行的。

数字书目和图书馆计划（Digital Bibliography & Library Project，DBLP）［DBLP　2014］类似于谷歌学术搜索。它由大学研究员 Michael Ley 创立，并管理着约 160 万篇计算机科学领域的文献。每位作者的论文会按时间先后顺序排列。每篇论文的条目包括标题、来源和指向其详细信息的页面及其电子版的链接。条目中还包括了论文在类似服务（如 Google 学术搜索和 CiteSeer[x]）的链接，以允许用户知道论文的引用关系。当然，也可以通过指定会议或期刊以及作者或标题来搜索论文。DBLP 中每位作者的页面也是自动生成的。期刊或国际会议的目录页（Table of Contents，TOC）首先被检索，并存储为一个名为 TOC OUT 的文件。作者的页面在 TOC OUT 文件下创建，所有作者的姓名会被提取并存储到一个名为 AUTHORS 的文件中。此外，指向作者页面的链接是通过 TOC OUT 文件和 AUTHORS 文件而被嵌入到 TOC 页面的。

另外，来源于清华大学一个研究项目的 Web 服务 ArnetMiner［ArnetMiner 2014］，也展示了挖掘社交网络的结果，它的对象包括研究人员（即作者）、会议和文字。在 Arnet-Miner 中，作者页面包括作者的介绍和著作列表，著作的引用以及作者的 h 指数。此外，著作的排名、会议和期刊也都包含在 ArnetMiner 的页面中。

Web of Science 是一个商用的被引文献数据库［Web of Science 2014］。该数据库提供的科学引文索引（Science Citation Index，SCI）由于收集和分析的期刊都是很严格的，因而在衡量研究人员的成就方面具有一定的权威性。首先，一个基本的期刊集被收录并且被称为 SCI。然后，另一个被称为扩展 SCI 的期刊集（在写本书时包含 8608 份期刊）被视为 SCI 的超集，并且使用扩展 SCI 创建被引文献的数据库。也就是说，论文的引用次数是基于扩展 SCI 进行计算的。

例如，SCI 在数据库和数据挖掘领域包括以下期刊：

- ACM 数据库系统学报 – ACM TRANSACTIONS ON DATABASE SYSTEMS（TODS）
- IEEE 知识与数据工程学报 – IEEE TRANSACTIONS ON KNOWLEDGE AND DATA ENGINEERING（TKDE）

然而，关于如何构建 SCI 的细节是未知的，因为它是商业秘密。

在日本，国立情报学研究所（National Institute of Informatics，NII）运行着 NII 引用文献信息导航 CiNii［CiNii 2014］。虽然 Google 是一个通用搜索引擎，但 Google 学术搜索却是一个垂直搜索引擎，专门用来研究学术领域（如计算机科学）的论文。

（2）影响因子

以下将对与引用相关的影响因子进行说明。某个期刊特定年份的影响因子是两年内发表在该期刊上所有文章的被引用次数之和除以所发表文章的总数量。设第 y 年中论文 p 的被引用次数为 <引用数$_{yp}$>，<影响因子$_y$> 是第 y 年的期刊影响因子，$\{$论文$_{y-2,y-1}\}$ 是过去两年发表的论文集合。那么，影响因子由下列公式表达：

（定义）影响因子

$$\bullet\ 影响因子\ y = \frac{\sum\limits_{p \in \{论文_{y-2,y-1}\}} 引用数_{yp}}{|\{论文_{y-2,y-1}\}|}$$

总而言之，期刊在某一年的影响因子代表了期刊上发表的所有文章在前两年的平均被引用次数。

例如，2009 年 TODS 和 TKDE 在计算机科学中的影响因子分别为 1.245 和 2.285。一般来说，影响因子高的期刊是比较重要的。《自然》与《科学》是自然科学领域的顶级期刊，其在 2009 年的影响因子分别为 34.480 和 29.747。这些科学杂志的影响因子明显高于前面计算机科学的期刊。

请注意，论文的平均页数取决于具体的期刊。这种差异可能在不同的领域会有很大差距（例如，自然科学和计算机科学）。《自然》和《科学》的典型论文长度分别约为 2 和 4。另一方面，在 TODS 上一些文章可能会达到 50 页。如果被高度引用的论文包含在期刊中，则期刊的影响因子自然会提高。特别地，如果杂志中包含评论论文（即综述论文），则期刊的影响因子将增长。此外，影响因子在某些领域也有不能反映的情况，比如三年前发表的论文也会经常被引用，或者说论文的衰退期是很漫长的。由此看来，虽然影响因子肯定是一个衡量期刊影响力的重要指标，但它不能用于衡量个别论文的重要性。

10.2.3　h 指数——学术研究者的价值

如何定义一个研究者的价值？是否应该以他们发表的学术论文来作为评估依据？当然，撰写论文是不能代表研究者的全部价值的。除了研究能力本身，管理科研项目和教育学生的能力，以及对学术领域、工业和社会的贡献实际上也都是对研究人员的要求。不过，让我们从论文创作的角度考虑一下研究者的价值。例如，研究人员所有论文的被引用次数的平均值是否能够体现其价值？或者是最大引用数量是否能够体现其价值？使用平均引用次数可能不利于大量创作论文的研究人员，有利的只是创作少量论文的研究人员。但是另一方面，研究人员的最大引用数量却不能反映研究人员的创作能力。

物理学家 Jorge E. Hirsch 已经提出将 h 指数作为这个问题的答案［Hirsch 2005］。N 作为研究者的 h 指数的值意味着研究者的至少 N 篇论文已被至少引用 N 次。不像基于聚合函数的方法（如平均值和最大值），研究者的 h 指数只是一个标量值，它可以表示研究者生产力和学术的研究程度的合计。因此，h 指数不能表达极值，例如最大被引用数或总论文数。h 指数以及影响因子是不适合比较不同领域研究人员的价值的。

一些学术服务（如 Publish 或 Perish，scHolar 指数）使用 Google 提供的引用数量来计算学者的 h 指数。这是一个专门的搜索引擎，但是，用于计算每个研究者的 h 指数的方法本身却是非常简单的。如图 10.3 所示，其中 x 轴和 y 轴分别表示研究者的论文排名和论文的被引用次数，绘制 $y = x$ 的直线。如果我们搜索最高排名论文的被引用次数位于直线之上，则它将是研究者的 h 指数。如果 h 指数是平方值，那么就可以估计出关于研究者的引用总数的顺序。

巧合的是，基于 PageRank 的关于预测诺贝尔奖得主的文章也发表在了开放获取学术期刊 arXiv 上。这篇文章［Maslov et al. 2009］的作者将 PageRank 算法应用于自 1893 年以来出版的物理学期刊上，如《物理评论快报》（Physical Review Letters），并计算了被引用论文的排名。他们已经发现前 10 篇论文的作者获得了诺贝尔奖，如果这个计划可应用到更多新出版的论文上，那么未来的诺贝尔奖得主就将是可以预测的。但是，从这项研究看，诺贝尔奖获奖后发表的论文也包括在计算排名内，因此该方案还需要进一步改进。

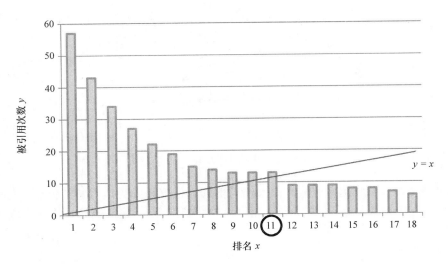

图 10.3　排名与被引用次数

10.2.4 声望

在社会网络分析中，一个参与者的声望的概念［Liu 2007］可以通过以图形作为数据结构来建模。文献计量学采用类似社交网络中对参与者的分析方式来分析在期刊上发表的论文引用之前发表的其他论文期刊的现象。也就是说，从一篇论文到另一篇论文的期刊和引文关系对应于从一个节点到另一个节点的节点和有向边。对于 Web 来说，Web 页和页面间的超链接类似地对应于节点和节点到另一个节点的有向边。

让我们考虑其元素表示的邻接矩阵两个节点的连接。描述具有元素 E_{ij} 的矩阵 E 如下：
- (E_{ij})

如果存在从节点 i 到 j 的有向边，则邻接矩阵 E 中的 E_{ij} 为 1，否则为 0。在本书中，所有元素都有一个非负值的矩阵称为非负矩阵。一个所有元素都大于 0 的矩阵称为正矩阵。本节中我们只考虑此类型的矩阵。请注意，非负矩阵和正矩阵是两个不同的概念。表示引用关系（见图 10.4a）的邻接矩阵如图 10.4b 所示。

节点 i 的声望由 p_i 表示。然后，声望 p_i 可以被认为是所有节点到有向边的节点 i 的声望的总和。此外，列向量 p 以 p_i 作为其组成部分。然后，使用转置矩阵 E^T 的邻接矩阵 E，用于计算新的 p（表示为 p'）的公式可描述如下：

$$p' \leftarrow E^T p$$

设初始向量 $p = (1, 1, \cdots, 1)$。如果上面的公式重复应用，归一化 p 使得 $\sum p_i = 1$，将获得 p 的固定解。请注意，还有另一种归一化方法是用 p 除以具有最大绝对值的元素。找到稳定解的方法称为幂法［Anton et al. 2002］。稍后我们将解释用于获得稳定解的原理。

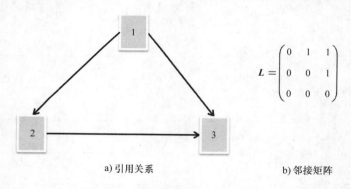

a) 引用关系   b) 邻接矩阵

图 10.4   引用关系及其对应的矩阵

在矩阵的所有特征值中，具有最大绝对值的特征值被称为最大特征值。在这种情况下，p 成为对应于最大特征值的特征向量（在这种情况下），绝对值是 1 的矩阵 E^T 可由下式表示：
- $p = E^T p$

10.2.5 PageRank

网页也可以用类似论文和书籍的有向图来建模。如果需要，还可以使用具有权重的有向图。这里，我们将对 Larry Page 和 Sergey Brin［Liu 2007］的 PageRank 做出解释。一个页面的 PageRank 由所有指向该页面的 PageRank 决定的。令 p_i 是页面 i 的 PageRank。此外，令 N_i 为页面 i 的链接数。然后，页面 j 的 PageRank p_j 是所有指向它的页面的 p_i 的 PageRank 的总和，权重为 $1/N_i$。

该方案使用矩阵来表示。令 E 为邻接矩阵，如果存在从节点 i 到 j 的链接，则元素 E_{ij} 为 1，否则为 0。此外，使用元素定义以下邻接矩阵 L。矩阵 E 和 L 都是方阵。

- $(L_{ij}) = \left(\dfrac{E_{ij}}{N_i}\right)$

此外，设 p 是以 p_i 为第 i 个元素的向量。如果上面使用的是矩阵 L，则 PageRank 将通过以下公式计算：

- $p \leftarrow L^{\mathrm{T}} p$

计算 PageRank 的方法基本上与计算声望的方法相同。这并不奇怪，因为 Page 和其他人将 bibliometrix 视为 PageRank 的前期工作。通常，这些方案可归结为计算下面方阵的特征值问题［Watkins et al. 2002］：

- $Mv = \lambda v$

令 λ 和 v 分别为特征值和特征值 λ 所对应的特征向量。假设该矩阵满足某些条件，对应于矩阵的最大特征值（令 $\lambda = 1$）的特征向量 v_t 通常将通过以下称为幂法［Anton et al. 2002］的算法得到。这里，v_0 是 v_t 的初始向量。在每次迭代计算中，v_t 除以 1 - 范数 $\|v_t\|_1$ 以实现归一化。ε 是预先设定的阈值。

（算法）幂法

1. $t \leftarrow 1$；
2. repeat ｛
3. $v_t \leftarrow M v_{t-1}$；
4. $v_t \leftarrow v_t / \|v_t\|_1$；
5. $t \leftarrow t+1$；
6. ｝until（$\|v_t - v_{t-1}\|_1 < \varepsilon$）

以上粗略地显示出对应于最大特征值的特征向量可以通过幂法获得。假设 M 具有线性独立的特征向量 $v_1, v_2, \cdots, v_n$。此外，假设在特征值 λ 中只存在一个最大特征值，则特征值 λ 的顺序如下：

- $|\lambda_1| > |\lambda_2| \geqslant \cdots \geqslant |\lambda_n|$

令 λ_1 和 v_1 是最大特征值及其所对应的特征向量。

如果用 $Mv = \lambda v$ 代替下面的最左边的表达式，那么将得到最右边的结果：

- $M^2 v = M(Mv) = M(\lambda v) = \lambda^2 v$

如果重复这种迭代，通常将得到下式：

- $M^i v = \lambda^i v$

另外，初始向量 v_0 可以表示如下：

- $v_0 = c_1 v_1 + c_2 v_2 + \cdots + c_n v_n$

这里假设 c_i 是实数，并且 c_1 不等于 0，即假设 v_0 和 v_1 彼此不正交。然后我们可获得以下结果：

- $M^i v_0 = \lambda v_0 = \lambda_1^i [c_1 v_1 + c_2 (\lambda_2 / \lambda_1)^i v_2 + \cdots + c_n (\lambda_n / \lambda_1)^i v_n]$

这里如果考虑 $M^i v_0 / \lambda_1^i$，则随着 i 趋向于无穷，特征值的绝对值将收敛到 $c_1 v_1$。如果需要的话，通过将它除以向量的范数或该矢量中具有最大绝对值的分量来归一化。因此，可以发现，对应于最大特征值的特征向量可以通过幂法找到。

让我们考虑将此方法应用于 PageRank 的计算。在这种情况下，考察由网页组成的图形是否满足条件，验证此算法的正确性可以通过上述幂法找到特征向量。

如果表示图的方阵 M 是强连通和非周期性的，则根据上述公式，方阵 M 只有最大特征值，并且幂法中的向量收敛到最大特征值所对应的特征向量（Perron Frobenius 定理 [Knop 2008]）。这里给出图的强连通部分和周期性的定义如下：

（定义）图的强连通部分

强连接图是一个有向图，其任意两个节点间均存在双向路径。一个有向图的最大强连通子图被称为原图的强连通部分。

（定义）非周期性图

如果图中某个节点具有长度为 1 的周期，或者包含该节点的所有闭合路径的长度的最大共同值是 1，则该节点是非周期性的。如果节点的周期大于 1，则节点是周期性的。此外，如果图的所有节点都是非周期性的，则整个图则也是非周期性的。

毕竟有必要确保 Web 图是强连通和非周期的。从这个观点出发，可以考虑将方阵 M 设置为 L^T 来验证上述算法的正确性。然而，整个 Web 图表并不是强连接的。因此，不能保证 PageRanks 总是可以计算的。那么，应该怎么办呢？下面我们会给出答案。

这里，改变 PageRank 的视图。首先，假设用户根据超链接随机变换页面。向量 p 中的每个元素表示用户停留在与该元素相对应的页面中的概率。可以认为 L^T 是转移矩阵。这个关于用户行为的模型被称为简单冲浪模型。然而，如上所述，它仍然不能保证特征向量可以通过幂法获得。

现在这个简单的冲浪模型将通过引入一定的扩展概率 d（0.1 和 0.2 之间）来确定。假设 Web 用户接受下列操作之一：

1. 用户从当前页随机跳转到任意一个网页上的概率为 d。

2. 用户离开当前页面以概率 $(1-d)$ 随机访问超链接中的任何目的地。

当用户可以随意跳转到任意网页上时，这种修正的模型称为扩展的冲浪模型。用户将停留在 Web 的每个页面上的概率可由以下公式计算：

- $p \leftarrow d \left(\dfrac{1}{N} \right) p + (1-d) L^T p = d \dfrac{1}{N} (1,1,\cdots,1)^T + (1-d) L^T p$

其中，N 为 Web 上的页面总数。

特征值问题中的矩阵 M 的定义如下：

- $M = d \left(\dfrac{1}{N} \right) + (1-d) L^T$

其中，矩阵 M 的每个列中的所有元素的和都必须等于 1，因为它们代表的是概率。因此，如果矩阵 L 的某行有全零项，对应于该行的节点称为悬挂节点。所有这样的悬挂节点的元素被设置为 $1/N$。这种调整被称为随机性调整。

图 10.5a 中描述的页面所对应的邻接矩阵如图 10.5b 所示。进一步地，PageRank 的矩

阵公式如图 10.5c 所示。这样构造的矩阵 $\boldsymbol{M}$ 是正的方阵且该图满足强连通性和非周期性条件。

　　首先，因为图上的每个页面都可以视为通过动作（1）直接来自任一页，所以该图是强连通的。此外，在强连通图中，每个节点的周期都是相同的，均等于整个图自身的周期。又因为每个节点还有一个"自环"链接，所以整个图是一个循环。

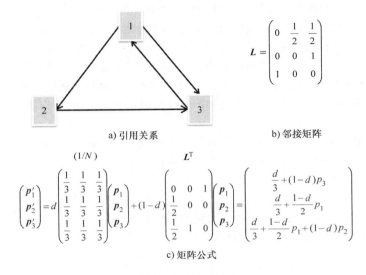

a) 引用关系　　　　　　　　　　　　b) 邻接矩阵

c) 矩阵公式

图 10.5　PageRank

　　因此，这样的特征向量（即 PageRanks）可以通过幂法得到。这里，令初始向量 $\boldsymbol{p}_0$ 为 $(1/N, 1/N, \cdots, 1/N)^{\mathrm{T}}$。这个向量和所有元素都是正值的正向量不正交。尽量我们知道 PageRank 适用于搜索引擎（例如谷歌），它不同于 HITS，且不依赖于搜索结果，这些我们将在稍后说明。出于这个原因，基于 PageRank 的搜索引擎可能会返回与搜索字词的关联性较低的结果。相反，由于 PageRank 的全局特性可知，PageRank 能够有效对抗无用推送（比如故意增加超链接），这也是 PageRank 的优点之一。

　　接下来，将考虑幂法的计算开销。在一次重复计算中，$N \times N$ 矩阵和 N 维向量的乘积需要 $O(N^2)$ 的成本。因此，令 R 为直到收敛所需重复的次数，则整体计算成本为 $O(N^2 \times R)$。虽然最大重复次数不能精确地确定，但据报道 PageRank 实际上可以经过大约 100 次迭代实现收敛。此外，如果假设 Web 图是稀疏的，则可以使用称为邻接列表的数据结构减少先前的矩阵和向量与 $O(N)$ 的乘积的成本。在这种情况下，整体计算成本为 $O(N \times R)$。如果网页的总数 N 被设为 5×10^{10}，那么这种改进的成效将会是显著的。

10.2.6　HITS

　　超链接诱导的主题搜索（Hyperlink Induced Topic Search，HITS）[Liu 2007] 采用类似 PageRank 的方式来确定 Web 页面的排名。首先，介绍 HITS 和 PageRank 的差异。如前所述，PageRank 是提前为整个网页的每一页面计算的，是不依赖于单个查询的。另一方面，HITS 原则上是在每次网页搜索系统为响应用户的网络搜索而返回搜索结果时计算的，是依赖于查询的。在现实中，搜索结果在它们被扩展后使用：

（定义）根页面集、扩展页面集和基本页面集

- 令 r 是被搜索结果包含的页面。页面 r 的集合称为根页面集 R。
- 沿着单个路径进入或离开 r 的一组页面（即，距离为1），这个页面集 E 称为扩展页面集。
- 根页面集 R 和扩展页面集 E 合并得到的集合称为基本页面集 B。

接下来，我们将介绍页面的权威值和中心值的概念。如果页面被许多页面引用（即链接），则可以认为这样的页面有一定的权威值。某一页面被重要页面引用时增加的权威值大于被不太重要页面引用时增加的权威值。引用页面的重要性可以通过中心值来评估。引用很多权威性页面的页面是有价值的中心。简而言之，页面的权威值可由该页面所引用页面的中心值之和确定。同样地，页面的中心值由引用该页面的所有页面的权威值之和确定。

然后，令 B 为基本页面，并令 a_i 和 h_i 分别为网页 i 的权威值和中心值。此外，通过使用邻接矩阵 E，权威向量 a 和中心向量 h 可分别表示如下：

- $a = E^{\mathrm{T}}h$
- $h = Ea$

如果再次应用幂法，则得到这两个向量的算法如下：

（算法）计算网页的中心值和权威值。

1. $t \leftarrow 1$；
2. repeat ｛
3. $a_t \leftarrow E^{\mathrm{T}}h_{t-1}$；
4. $h_t \leftarrow Ea_{t-1}$；
5. $a_t \leftarrow a_t / \parallel a_t \parallel_1$；
6. $h_t \leftarrow h_t / \parallel h_t \parallel_1$；
7. $t \leftarrow t + 1$；
8. ｝until($\parallel a_t - a_{t-1} \parallel_1 < \varepsilon$ and $\parallel h_t - h_{t-1} \parallel_1 < \varepsilon$)

这里，令 $a_0 = h_0 = (1/N, 1/N, \cdots, 1/N)^{\mathrm{T}}$，$N$ 为包含基本页面集的页面总数。图10.6a 中显示的扩展页面集所对应的邻接矩阵如图10.6b 所示。基于该算法的 a_1 和 h_1 的值如图10.6c所示。现在所需要做的只是重复此过程。

- $a = E^{\mathrm{T}}Ea$
- $h = EE^{\mathrm{T}}h$

这表明权威向量 a 和中心向量 h 分别是矩阵 $E^{\mathrm{T}}E$ 和 EE^{T}（这里 $\lambda = 1$）的特征向量。

对此我们需要做几点解释。与 PageRank 不同，在 HITS 中不能保证只有一个最大的特征值。因此，对应的特征向量也不一定是唯一的。此外，特征向量 v 的收敛值取决于 v 的初始值。

HITS 的一个特点是，它能够提供两种不同的排名（中心和权威），用户可以在二者之间选择。然而，HITS 的另一个特性就是，其结果很大程度上依赖于搜索查询的结果。使用扩展页面集的原因是通过覆盖尽可能多的可能相关的页面来提高查全率。但是，从另一方面来说，这也将降低准确率。

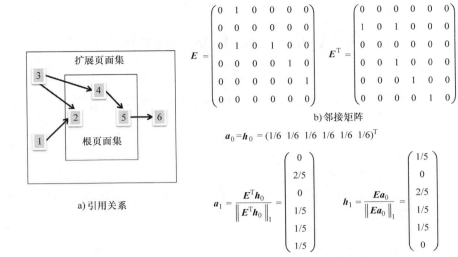

$$a) 引用关系$$

$$
E = \begin{pmatrix}
0 & 1 & 0 & 0 & 0 & 0 \\
0 & 0 & 0 & 0 & 0 & 0 \\
0 & 1 & 0 & 1 & 0 & 0 \\
0 & 0 & 0 & 0 & 1 & 0 \\
0 & 0 & 0 & 0 & 0 & 1 \\
0 & 0 & 0 & 0 & 0 & 0
\end{pmatrix}
\qquad
E^{\mathrm{T}} = \begin{pmatrix}
0 & 0 & 0 & 0 & 0 & 0 \\
1 & 0 & 1 & 0 & 0 & 0 \\
0 & 0 & 0 & 0 & 0 & 0 \\
0 & 0 & 1 & 0 & 0 & 0 \\
0 & 0 & 0 & 1 & 0 & 0 \\
0 & 0 & 0 & 0 & 1 & 0
\end{pmatrix}
$$

b) 邻接矩阵

$$a_0 = h_0 = (1/6 \ \ 1/6 \ \ 1/6 \ \ 1/6 \ \ 1/6 \ \ 1/6)^{\mathrm{T}}$$

$$
a_1 = \frac{E^{\mathrm{T}}h_0}{\left\| E^{\mathrm{T}}h_0 \right\|_1} = \begin{pmatrix} 0 \\ 2/5 \\ 0 \\ 1/5 \\ 1/5 \\ 1/5 \end{pmatrix}
\qquad
h_1 = \frac{Ea_0}{\left\| Ea_0 \right\|_1} = \begin{pmatrix} 1/5 \\ 0 \\ 2/5 \\ 1/5 \\ 1/5 \\ 0 \end{pmatrix}
$$

c) 计算结果

图 10.6　HITS

此外，一旦一个包含很多主题的门户网站（如雅虎）被包括在基本页面集合中，HITS 就会对包含了与该门户页面的主题完全不相关的页面给出更高的排名。而且，HITS 还会受到 SPAM 行为的影响，例如故意附加假链接。

整个算法的计算开销是 $O(N^2 \times$ 重复数$)$，如 PageRank。鉴于 Web 页面比较稀疏的事实，它将减少到 $O(N \times$ 重复数$)$。此外，因为取决于查询，所以与 PageRank 相比，HITS 中的 N 是相当小的。

参 考 文 献

[Anton et al. 2002] Howard Anton and Robert Busby: Contemporary Linear Algebra. John Wiley & Sons (2002).

[ArnetMiner 2014] ArnetMiner http://arnetminer.org/Accessed 2014

[Broder et al. 2000] Andrei Z. Broder, Ravi Kumar, Farzin Maghoul, Prabhakar Raghavan, Sridhar Rajagopalan, Raymie Stata, Andrew Tomkins and Janet L. Wiener: Graph structure in the Web. WWW9/Computer Networks 33(1-6): 309–320 (2000).

[CiNii 2014] CiNii http://ci.nii.ac.jp/Accessed 2014

[CiteSeer[x] 2014] CiteSeer[x] http://citeseerx.ist.psu.edu/index Accessed 2014

[DBLP 2014] DBLP (Digital Bibliography & Library Project http://www.informatik.uni-trier. de/~ley/db/index.html Accessed 2014

[Google Scholar 2014] Google Scholar http://scholar.google.com/Accessed 2014

[Hirsch 2005] J.E. Hirsch: An index to quantify an individual's scientific research output. In Proc. of the National Academy of Sciences 102(46): 16569–16572 (2005).

[Knop 2008] Larry E. Knop: Linear Algebra: A First Course with Applications (Textbooks in Mathematics), Chapman and Hall/CRC; 1 edition (2008).

[Liu 2007] Bing Liu: Web Data Mining–Exploring Hyperliks, Contents, and Usage Data. Springer (2007).

[Maslov et al. 2009] Sergei Maslov and S. Redner: Promise and Pitfalls of Extending Google's PageRank Algorithm to Citation Networks. arXiv:0901.2640v1 (2009).

[Watkins 2002] David Watkins: Fundamentals of matrix computations. John Wiley & Sons (2002).

[Web of Science 2014] Web of Science http://thomsonreuters.com/thomson-reuters-web-of-science/Accessed 2014

第11章 Web 内容挖掘

本章将介绍搜索引擎、信息检索、网页分类、网页聚类和微博总结等 Web 内容挖掘技术。

11.1 搜索引擎

为了搜索网页，用户通常要借助于网络搜索引擎。粗略地说，网络搜索引擎一侧的任务可分为以下过程：
- 网页抓取
- 网页内容分析和链接分析
- 索引网页
- 网页排名
- 搜索和查询网页处理

在详细解释这些之前，让我们先简要回顾一个典型搜索过程的流程（见图 11.1）。

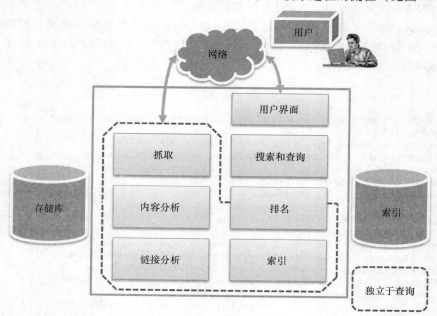

图 11.1 搜索引擎的体系结构

通常，搜索引擎在用户做查询之前有一些任务要完成。首先，搜索引擎从整个 Web 收集页面，将它们存储在称为存储库的数据库中。此任务称为网页抓取。更具体地，抓取程序遵循来自种子页面的链接，并访问所有链接的特殊的页面和收集页面的内容。通过将访问过的页面设置为新的原始页面继续抓取过程。因此，抓取通常以宽度优先和并行方式，从两个或更多的种子页开始来访问页面。抓取是定期执行的。一些搜索引擎优先寻找频繁更新或流行的网页。

接下来，搜索引擎会分析存储库中所存储的页面，并提取每个页面的统一资源定位符（Uniform Resource Locator，URL）和标题。此外，可以用作搜索项的词是从页面的主要部分提取的。这个任务称为内容分析。网页和搜索项都附有识别标志。

然后，搜索引擎将会分析页面的链接并提取锚点文本（即链接文本）。此任务称为链接分析。通过对应的锚文本，一条链接被存储为联系原始页面和目的页面的一对标识符。

接着，搜索引擎提供索引页面与所有搜索字词之间的关系（更准确地说，标识符），以及页面内项目的位置。搜索引擎创建另一个索引（即，反转索引），表示搜索词之间的对应关系和包含该术语的所有页面，以及位置（即，标识符）。在这些索引的帮助下，搜索引擎可以找到包含指定搜索词的所有页面和被特定页面所包含的搜索字词。创建此类索引的任务被称为索引。

此外，基于链接分析的结果，一些搜索引擎会采用特定方法（例如，Google 的 PageRank）来计算那些表示所抓取页面在统计意义上的重要性排名（即前搜索）。其他搜索引擎也使用类似的方法（例如，HITS）动态地计算页面排名，不过不是基于前搜索的分析，而是基于对搜索结果的链接分析。一般来说，这个任务称为排名。

使用先前描述的索引，搜索引擎会收集包含了用户在搜索时指定搜索项的页面。当两个或更多搜索词之间用空格指定时，一些搜索引擎（例如，Google）计算页面集的集合积（set－product）为每个搜索项获得的最终结果。其他搜索引擎计算集合并（set－union）而不是集合积。此外，如果有必要，搜索引擎会计算属于所获得的集合的每个页面的排名页面，并与先前计算的页面的排名合成。检索的网页按照降序排名。指定数字（通常为 10 或 20 个）的网页（即网址）被归纳成具有网页片段的一个搜索引擎结果页（Search Engine Result Page，SERP），用户能够逐一查看这些网页。

要计算当前页面的最后排名，搜索引擎不仅要考虑搜索字词在网页中显示的频率（即，搜索项的频率），而且还要考虑搜索项出现的地方（即搜索字词的位置）。例如，就位置而言，标题和锚点文本比页面主体更重要。此任务被称为查询处理。

在搜索引擎的任务中，抓取、索引和排名将在下面详细解释。

11.1.1　网页抓取

总而言之，网页抓取需要它的 URL（统一资源定位符）、主机名和文件的路径。首先，做一个非常简短的解释（见图 11.2）。

1. 将网站的 URL 作为种子插入到数据结构中。
2. 重复以下步骤，直到无法找到更多的网址（即池是空的）{
3. 在其前端删除池中的 URL。
4. 访问 URL 所指向的页面。
5. 将新收集的 URL 插入其后端的池中。
6. 分别从访问页、存储前的页面存储库和存储后的链接存储库提取网页信息和链接信息}

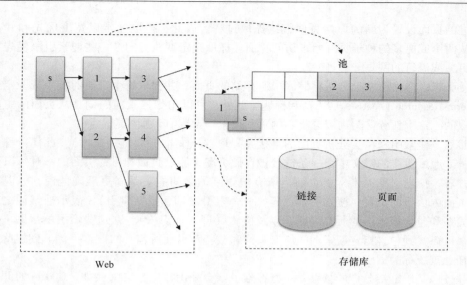

图 11.2　抓取程序

执行这样一系列过程的程序一般称为网络爬虫或网络蜘蛛（简称爬虫或蜘蛛）。在实际的抓取中，两个或两个以上的爬行器合作进行分布式处理。此外，如果它被其他网站和网页通过程序注册到搜索引擎的网站管理员所拒绝，也就是说，如果存在一个 robots. txt 文件或 meta 标签的程序排除协议［robotstxt 2014］，那么在这种情况下不应该继续进行抓取。

11. 1. 2　索引网页

（1）基本概念

用户利用网络搜索引擎，通过指定搜索网页条款，然后搜索引擎必须有效地发现网页中含有指定搜索条件的项目。这种机制就是索引。网页由爬行器下载并储存在网页存储库中并在搜索时向用户提交。

搜索术语也称为索引术语，因为它也用作索引的关键项。首先，出现在网页中的索引术语被提取。基本单位是一个单词或术语。如果页面用英语书写，单词通常由空格分隔，而单词的检测则是相当简洁的。那么，日语又如何？因为通常日语中的单词或句子之间是不会插入空格的，所以单词检测不是那么容易。因此，需要所谓的形态分析。一般来说，形态分析使用字典来确定词性的组成和词的语调。很多被称为形态分析器的形态分析工具已经可以作为免费软件来使用，如为日语设计的 Chasen。一旦词通过形态分析从页面中提取出来，通过使用一些专用的访问结构（例如，B + 树或哈希表），那么就有必要把词作为关键词进行索引以用于搜索文档。需要注意的是形态分析需要以词库为基础。

不使用形态分析的方法包括 N 元索引。通常，N 是指从文档或页面一次提取的字符串（日语形式）的长度或单词（英语形式）的数量。如果 N 是 1、2 或 3，则分别称为一元、二元或三元。

例如，以 "For example, if this sentence is analyzed" 这句为例作二元（bigram）分析，

它会被扩展为成为"For example""example if""if this"，等等。所用数量越趋近于 N，越容易发现长的项。如果基于字符使用 N 阶索引，那就没必要准备字典了。假如 C 是特征字符的数量，然后，索引的不同字符串的数量将变为 $O(C^N)$。在日语的情况下，因为 C 的数量级大约为 10^4，所以大量的数不能取为 N。

请注意，一个 N 阶索引和基于词的索引形态分析不一定是排他性的。也就是说，在创建日文的 N 元索引时，也有可能用基于词的形态分析来代替字符。为了简单起见，下面将解释以字符为基础的 N 元索引。然而，如果字符被词整体代替，则流程基本相同。

网页内容分析与信息检索技术有许多共同之处。以下部分将解释信息检索技术。

（2）存储库和索引的结构

文档标识符（DocID）和字符串标识符（CharStrID）被分别赋给页面文档（URL）和字符串（即 N 元）。这种标识符被用于散列或关键排序。首先，一个有序或者无序的词库（数据结构搜索）建立在大量的文件集合上。其次，该字符串在文档中的位置、字符的类型和其他信息都被附加到字符串上。类型包括：URL、标题、锚（即链接中的文本）、元标签（关于页或元数据），以及指示字符串出现的地方。这个字符串的类型是必要的，因为即使相同的字符串，其意义也会由于它所出现的位置不同而发生变化。字符的情况（即，上或下）和字体的大小都被记录为附加信息。此外，如果字符串有一个锚，包含锚的原始页面的文档识别器（即锚文档识别器）也会作为附加信息被记录下来。

在这里，只有标题和锚被认为是类型简化的要素。因此，在存储库中，页面包含标题（title）和主要部分（body）。主要部分只包括锚（anchor）文本和相应的链接（见图 11.3a）。链接包括原始页面［即文档标识符（DocID）］、目的地页面（即文档标识符）和锚文本（见图 11.3b）。此外，既不考虑字符大小也不考虑字体大小。

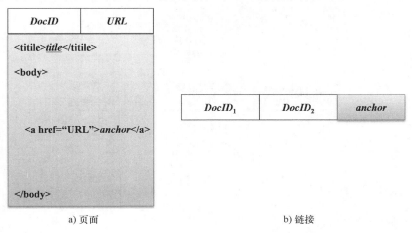

a) 页面　　　　　　　　　　　　　　　　b) 链接

图 11.3　页面和链接

字符串在文档中的位置、类型和附加信息被统称为命中（hit）。通常，根据使用目的和指数，不限于 N 元索引，被分为两种类型：前向索引和反向索引。

它们有以下单独的特点：

● 前向索引：文档标识符 – >（字符串标识符 + 命中）*

• 反向索引：字符串标识符 – >（文档标识符＋命中）＊

通常，两个或多个字符串（即字符串标识符）可以由一个文档标识符表示，并且相同的字符串可能出现两次或多次，因此会发现一个或多个"（字符串标识符＋命中）"。对于某个字符串标识符，可以找到一个或多个类似的"（文档标识符＋命中）"，一般会用"＊"的格式表示这种情况。"（字符串标识符＋命中）"和"（文档标识符＋命中）"在这里统称为 posting。

在许多情况下，出现在一个页面中的锚链接文本描述的是由源页引用的页。所以锚文本也可以认为是此类页面的索引术语。这种技术叫作锚传播，这是特别有效的索引页，特别是对于没有文本，只有图的情况。

（3）创建索引

我们先描述一下创建索引的算法。通常，一个长度为 N 的字符串的提取是通过一次移动一个字符来完成的，一个索引是通过使用这样的字符串来创建的。假设多个文档中存在 N 个字符。

该算法从当前位置提取 N 个字符，并对由字符串标识符、文档标识符、文档中的位置、类型和附加信息组成的内容进行记录。在锚类型的情况下，记录被复制，其文档标识符将被锚链接的目的页面的内容改变，以便传播锚信息到页面。

让我们使用 RDBMS 中的表创建索引。例如，令文档标识符（DocID）为 B＋树表中的主键（primary key），则表可以被用作文档的前向索引（见图 11.4a）。如果另一个 B＋树索引通过使用字符串标识符（CharStrID）作为次键（secondary key）来创建，那么它将是文档的反向索引（见图 11.4b）。请注意有些应用程序不仅需要压缩页面数据，还需要压缩索引本身以减少存储大小。

a) 前向索引

b) 后向索引

图 11.4　索引

11.1.3　网页排名

网页的排名方法可以分类如下：

• （静态排名）提前计算所有已抓取页面的排名。

• （动态排名）通过计算所有搜索过的页面的排名，考虑与搜索项的相似性。

例如，静态排名的代表之一是 PageRank，动态排名的代表包括 HITS 和信息检索中所使用的向量空间模型。向量空间模型建立在文档包含的特征向量和用户指定的搜索之间的相似性（如余弦测度）上的。在现实中，上述两种排名方法相结合，以确定检索结果页面的最后排名。

11. 2　信息检索技术

为了分析已经抓取的页面内容，使用信息检索（Information Retrieval，IR）技术。不同于其他标签页，字符串（等同于普通文本文件）是首先按下列程序进行分析的。

- 形态分析：将文本分割成一系列单词并确定单词的组成对日语来说，尤其需要这样的分割。
- 删除不必要的单词：从词语集合中删除不必要的单词（即停止词）。
- 词干：去掉单词的部分项使其标准化。

以这种方式可以提取表征文本文档的词语，所以这样的词被称为文档的特征词。此外，因为它们在索引中又被用于检索文档，所以也称为索引术语。

11. 2. 1　特征

接下来，考虑加权特征项。

通常，文档包含的特征项 t_i 的权重 $d_{ij}D_j$ 可通过以下方式来确定。

- $d_{ij} = L_{ij} \ G_i / N_j$

其中，每个因子的表示如下。

- L_{ij}：本体权重。它基于特征项 t_i 在文档 D_j 中的频率。
- G_i：全局权重。它基于特征项 t_i 在整个文档中的分布。
- N_j：归一化因子。它通常是文档 D_j 的长度。

此外，还需要介绍 TF、DF 和 IDF 的概念。

- TF：术语频率（term frequency）。它是文档 D_j 中特征项 t_i 的频率。
- DF：文档频率（document frequency）。它是文档中包含特征项 t_i 的文档数除以所有文档的数量。
- IDF：反向文档频率（inverse document frequency）。它对应于 DF 的倒数。然而，它不一定是精确的互逆。例如，DF 加 1 的对数被用作 IDF。

让我们假设不考虑归一化（即，总是 $N_j = 1$）并令 TF 和 IDF 分别为 L_{ij} 和 G_i。然后，特征的权重在这种情况下等于 TF 和 IDF 的乘积如下：

- $d_{ij} = \mathrm{TF} \times \mathrm{IDF}$

以这种方式定义的权重通常简称为 TFIDF。对于各因子（如 L_{ij}）结果会有所不同，关于该变化的详细描述请参考文本挖掘方面的参考书。

11. 2. 2　向量空间模型

接下来，将讲解基于向量空间模型的查询处理。下面的矩阵 D 就是其中的第一个。

- $[d_{ij}]$

D 称为特征项－文档矩阵。D 的每一列 c_j 称为文档向量 d，因为它表示一个文档的信息。类似地，D 的每一行 r_i 称为特征项向量，因为它表示一个特征项的信息。

例如，如图 11.5 所示的特征项－文档矩阵，文档 1 和文档 3 两者都包含特征词"香槟酒"。文档 4 包含特征词"白兰地"和"威士忌"。

	文档1	文档2	文档3	文档4	文档5	文档6
英格兰	0	0	0	1	0	1
威士忌	0	0	0	1	1	0
香槟酒	1	1	1	0	0	0
起泡酒	0	1	0	0	0	0
法国	1	0	1	1	0	1
白兰地	1	0	0	1	1	0

图 11.5　特征项 – 文档矩阵

另一方面，查询可以视为只包含搜索项的虚拟文档。因此，它也可以由以下向量 q 来表示，q 中的每个元素是特征项 t_i 出现在查询中的权重 q_i（即 TFIDF）：

- $(q_1, q_2, \cdots, q_m)^\mathrm{T}$

查询的结果是一组类似于查询的文档。文档和查询的相似性非常重要。例如，它是由文档向量和查询向量的内积的余弦测度表示的。

- 内积：$d_j \cdot q = \sum_{i=1}^{m} d_{ij} q_i$

- 余弦测度：$\dfrac{d_j \cdot q}{|d_j||q|}$

以这种方式计算的相似性被设置为页面的排名。此外，如果结果中的每个页面都有可用的排名，无论它是静态的还是动态的，这样的排名和相似性都会被组合以产生最终排名。文档将按照降序排列，并作为结果呈现给用户。

11.2.3　查询结果的准确性

接下来，将介绍文档查询的相关性概念。相关性信息作为整个文档集的子集，可以决定查询的正确答案。每个文档的相关性查询通常可由手动方法确定。也就是说，如果给出查询，就能通过使用相关性信息获得一组正确的文档。评估信息检索系统的性能可以通过使用以下两个测度。

（定义）查全

- 查全 = $\dfrac{|结果中的正确文档|}{|整个集合中正确的文档|}$

（定义）查准

- 查准 = $\dfrac{|结果中的正确文档|}{|结果中的文档|}$

图 11.6 显示了正确文档集和结果文档集之间的关系。一般来说在查全与查准之间有个折中。考虑这两项指标的 F 测度如下：

（定义）F 测度

- F 测度 = $\dfrac{2}{\dfrac{1}{查全} + \dfrac{1}{查准}}$

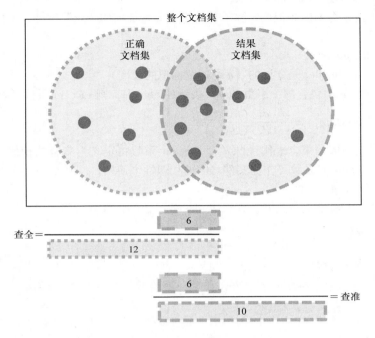

图 11.6　查全和查准

11.2.4　其他问题

下面将解释关于信息检索技术的一些其他问题。

（a）相关性反馈

信息检索本质上是交互式的。可以修改查询本身，以便更好地满足用户的需求。这称为相关性反馈（［Liu 2007］等）。因此，用户将由信息检索系统返回的结果作为文档集，并将其分为两组：相关文件（R）和不相关文件（IR）。然后，系统通过使用特征向量的平均值来修改查询（q）以产生新查询（q'）。之后，系统再执行新的查询以便返回新的结果。用户则重复此过程直到获得满意的结果。

Rocchio 算法如下所示：

（算法）Rocchio 算法

$$\bullet \ q' = \alpha q + \frac{\beta}{|R|}\sum_{d \in R} d - \frac{\gamma}{IR}\sum_{d \in IR} d$$

其中，α、β 和 γ 是正的常数并且由搜索方法确定。相关性反馈改进了查全和查准。

（b）签名

签名［Han et al. 2001］也用于信息检索中。例如，一个单词的签名是以散列的结果所表示的一个位串。在另一方面，文档的签名则是由文档中所包含的单词签名的逻辑和所表示的。查询是由包含在查询（与普通文件类似）中的搜索项签名的逻辑和来表示的。如果查询的签名与文档的逻辑积等于原始查询，则文档是结果文档的候选项。

（c）Jaccard 系数和 Tanimoto 系数

作为用于搜索页面的相似性，除了基于 TFIDF 特征项的余弦测度外，下面的系数也是经常要使用的。

（定义）Jaccard 系数

- 假设一个 shingle⊖是 q 元的（q 个连续标记的长度）。
- 如果文档 d 中包含的一组由 $S(d)$ 表示的 Shingle，则 Jaccard 系数可以定义如下：

$$\text{Jaccard 系数}(d_1, d_2) = \frac{|S(d_1) \cap S(d_2)|}{|S(d_1) \cup S(d_2)|}$$

如果这里用一般的集合来代替 $S(d)$，Jaccard 系数将定义为集合的相似度。此外，在信息检索中，Tanimoto 系数可作为文件之间的相似性来使用。

（定义）Tanimoto 系数

如果文档 d_i 的特征向量是 $\boldsymbol{d}_i$，那么 Tanimoto 系数的计算方法如下：

$$\text{Jaccard 系数}(d_1, d_2) = \frac{|S(d_1) \cap S(d_2)|}{|S(d_1) \cup S(d_2)|}$$

由上式可知，在特征向量的每个元素是二元的特殊情况下（即 0 或 1），Tanimoto 系数就变成了由特征向量组成集合的 Jaccard 系数，因为每个特征向量元素表示相应的集合元素的存在或不存在。

另外，页面的链接也可以同时被用来计算页面搜索的相似性。例如，这类方法包括基于 HITS 的方法和基于共引（cocitation）的方法，这些将在后面介绍。

（d）LSI

接下来，将解释潜在语义索引（Latent Semantic Indexing，LSI）[Liu 2007]。LSI 由以下步骤执行：

1. 对特征项 – 文档矩阵 $A_{t \times d}$ 进行奇异值分解 [Anton 2002]，并获得矩阵的乘积 $U_{t \times r} S_r \cdot V_{r \times d} T$。其中，$U_{t \times r}$ 和 $V_{r \times d}$ 是正交矩阵；S_r 是秩为 r 的对角矩阵。S_r 的对角线元素是特征值，$\sigma \geqslant \cdots \geqslant = \sigma_r > 0$。

2. 用相应的 k 维文档向量替换每个原始文档向量，使用由其形成的矩阵 S_k 选择 k（$<r$）个最大奇异值。

通过使一些隐藏特征项的频率变得更大，LSI 使得用户能够发现文档之间的语义相似性，或者文档和潜在的基于原始特征项的查询。换句话说，LSI 可以实现概念结构，称为隐藏在同义词的影响下的 k 概念空间。从而，LSI 不仅可以消除一些噪声，还可以减小文档向量的大小。LSI 还可以做聚类的预处理可视化。

（e）使用关联规则

下面描述使用关联规则的文档挖掘。如果每个文档被认为是一个事务，则包含在文档内的特征项就可以视为对应于交易内的事务。于是挖掘关联规则就可以应用于该文档。经常出现在文档内的连续术语之间的相关性可以构成复合术语（即短语）。如果复合项正确检测到，那么自动标记文档和删除无意义的结果就可以执行。如果应用关联分析指定查询的搜索项的集合，那么频繁出现的搜索项的建议就可以实现。

⊖　Shingle 在英文里的意思是用瓦片堆叠起来的屋顶，但这里它是一种算法的名称。——译者注

11.3　网页分类

目前为止，我们已经详细解释了网页的搜索。这里介绍一下网页的分类。作为准备，先阐述一下一般的分类技术。Yang 和其他人在他们的文献［Yang 1999］中比较了以下三种技术：

- 支持向量机
- k 最近邻算法
- 朴素贝叶斯

虽然这篇文章中也比较了线性最小二乘法［Manning et al. 1999］和神经网络［Mitchell 1997］，但是一般只将上述三种作为比较流行的分类技术。

11.3.1　支持向量机

Vapnik 介绍了一种支持向量机［Burges 1998］方法。在可以线性分离的空间中，被称为分离超平面的平面可以确定出的数据相对于某一类别的正或负。

- $w \cdot x - b = 0$

其中，向量 x 表示要分类的文档；w 和 b 可以从线性分离的训练集中得到。

这里 $D = \{(y_i, x_i)\}$ 是训练集。在 $y_i = +1$ 和 -1 分别对应 x_i 属于和不属于某个类。支持向量机在满足以下公式的情况下，通过使 w 的 2 - 范数（即欧氏距离）取最小值的方式来确定 w 和 b。

- $w \cdot x - b \geqslant +1$ （$y_i = +1$）
- $w \cdot x - b \leqslant -1$ （$y_i = -1$）

与分离超平面的距离等于 $1 / \| w \|$ 的训练数据集称为支持向量（见图 11.7）。事实上，w 和 b 仅由这些支持向量确定，而其他数据是不需要的。

当然，一般来说数据空间不能总是线性分离的。如果将这样的数据映射到更高维度的线性可分离空间中，设 φ 为这样的映射，所有必须做的就是在上述公式里用 $\varphi(x)$ 替换 x。

11.3.2　k 最近邻算法

k - 最近邻算法，简称为 k - NN［Han et al 2001］，就是在文档分类已知的文档集里找出相对于给定文档的 k 个最相似文档的子集。然后关于文档的候选类的权重是通过聚合原始文档与 k - NN 方法中的文档间的相似性来确定的。例如，可以通过文档特征项向量的余弦测度得到相似性。

首先，给定文档特征向量，下面两个或更多个候选类 c_j 的权值 $y(x, c_j)$ 计算如下：

- $y(x, c_j) = \sum\limits_{d_i \in k\text{-NN}} sim(x, d_i) y(d_i, c_j) - b_j$

如果 d_i 被分类为类 c，则 $y(d_i, c)$ 为 1，否则为 0。$Sim(x, d_i)$ 表示文档 x 和 d_i 之间的相似性。

然后，根据分数的阈值来确定文档所要分配的类。也就是说，如果分数超过阈值，则文档属于该类，否则它不属于该类。

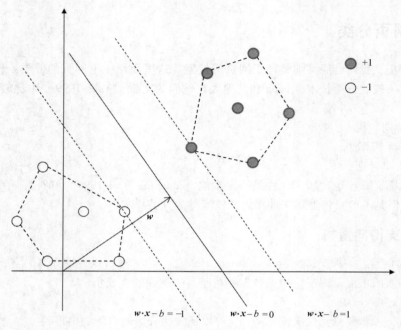

图 11.7　支持向量机

　　这里有必要进行一下说明。b_j的最佳阈值是通过使用训练集的子集来学习得到的。例如，使 F 值最大的 b_j 被确定为最优值。如果允许 b_j 可以是非最优值，那么在此之前对常数 b_j 的学习就是不必要的。

　　通过这种方法，一个文档基本上被允许属于两个或更多类。这些也可能有变化。例如，选择使上述公式计算的权值最大的 c_j 作为类。在这种情况下，$y(x, c)$ 的值被设置为 1，否则被设置为 0。如果相似性 sim 和阈值 b_j 都是常数，那么这个权值等于多数表决。

11.3.3　朴素贝叶斯

　　在使用朴素贝叶斯的文档分类中，朴素点是在基于给定一个类中的一类特征词和另一类特征词的条件概率是独立的假设下成立的。例如，让我们考虑通过以下公式对文档进行分类［Mitchell 1997］。对文档 Doc 的分类等同于定义类 v_j，并使该值最大化。

- $v = \underset{v_j}{argmax} P(v_j) \prod_{i \in positions} p(a_i = W_k \mid v_j)$

其中，$Positions$ 是 Doc 中的项目的位置集，a_i 是文档中位于第 i 个位置的项目。此外，还引入了如下一些变量。

- $Vocabulary$：训练数据 D 中的词汇
- D_j：D 中属于 v_j 的文档集
- T_j：可以连接所有 D_j 的元素的单个文档
- N：T_j 中项目的总位置数
- N_k：项目 W_k 在 T_j 中的频率

此外，还要预先学习以下概率：

- $P(v_j) = \dfrac{|D_j|}{|D|}$

- $P(a_i = W_k \mid v_j) = P(W_k \mid v_j) = \dfrac{N_k + 1}{N + |Vocabulary|}$：从属于类 v_j 的文档中提取出的项是 W_k 的概念。它独立于 i。请注意，可以使用 m－estimate 来减少概率为 0 时所产生的偏差。

至少，根据 Yang 等人对上述的性能方法进行的比较，性能顺序排列如下：

- 支持向量机 $> k－$最近邻算法 $\gg$ 朴素贝叶斯

11.4　网页聚类

接下来，将描述网页的聚类。作为准备，将首先描述用于一般文档的聚类技术。关于这些技术的比较研究［Steinbach et al. 2000］对比了从以下三个指标来确定分层聚类中要合并的两个集群。

- 集群内相似性：考虑集群的质心和集群中的文档的相似性总和。令 $Sim(X)$ 为集群 X 的这种相似性，令 C_3 是通过合并两个集群 C_1 和 C_2 而形成的新集群。集群 C_1 和 C_2 可通过使 $Sim(C_3) - Sim(C_1) - Sim(C_2)$ 最大化来确定。

- 质心相似性：通过合并两个集群来最大限度地提高质心之间的相似性。

- UPGMA（非加权配对算术平均法）：通过合并两个集群最大限度地提高包含在独立集群中的所有文档对的相似性的平均值。

注意，使用基于特征项的余弦测度来计算文档或集群之间的相似性。

Steinbach 等人认为，UPGMA 是以上三种方法中最好的一种。此外，他们还比较了 $k－$均值、二等分的 $k－$均值和使用 UPGMA 的分层聚集聚类，并得出结论：二等分的 $k－$均值是其中最好的。下面详述二等分的 $k－$均值法的算法。

（算法）二等分的 $k－$均值方法

1. 重复以下过程，直到集群的数量达到 k｛

2. 根据某个合适的测度来选择一个集群；

3. 通过 $k－$均值方法（$k=2$）将集群一分为二，并用新的两个集群代替原集群｝

这里作为候选簇的划分，选择那些具有最大或最小的簇内相似性的候选簇。

接下来，描述网页聚类的技术。

除了主要的基于网页特征项的聚类，还有其他基于网页结构的方法。为了给 Web 搜索引擎得到的结果聚类，一些系统不仅考虑页面内的特征项，而且还包括了页面的转入和跳出链接页面间的相似性指标。

例如，Wang 和其他人［Wang et al. 2002］使用加权余弦测度的 $k－$均值方法，而 Modha 和其他人［Modha 2000］使用 $k－$均值法扩展的加权内积也涉及了上述三个方面。这些方法通常使用共引的概念，其定义如下。

（定义）共引

- 如果文档 A 和 B 都是从 C 引用的，则称 A 和 B 是共引的。

共引的概念如图 11.8 所示。对于图 11.8a 说明的引用关系，存在一个如图 11.8b 所示

的引用矩阵 L。图 11.8c 中的对称矩阵 L^TL 中的元素 c_{ij} 表示当文档 i 和文档 j 被共同引用的次数。

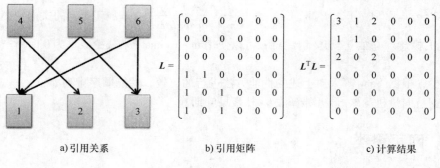

a) 引用关系　　　　　b) 引用矩阵　　　　　c) 计算结果

图 11.8　共引

如果 A 和 B 被共同引用，就被解释为它们是语义相关的。在网页的页面中，这就对应于共同引用的文件页面同时链接自某一页面。

Pitkow 等系统中的基于共引的聚类算法［Pitkow et al. 1997］描述如下。

（算法）基于共引的聚类

1. 对于添加了引文信息的一组文档，统计每个文档的引文数量。仅考虑引用数目等于或大于某一阈值的文档作为下一步处理的目标。

2. 生成一对共引的文件并计算被引用的次数。这样的列表被称为配对表。

3. 从配对表中选择一对。

4. 查找配对表中至少包含该对中一个文档的其他对。对找到的文件对重复此步骤，直到没有这样的对为止。将一组以这种方式获得的所有文档（文档对）组成一个集群。

5. 如果配对列表中没有配对，则终止。否则，转到步骤 3。

换句话说，该算法基于共引关系计算传递闭包，传递闭包对应于集群。此外，只有当文档 i 在邻接矩阵 L 中引用文档 j 时，才有元素 $(i, j) = 1$。矩阵 L^TL 中的元素 (k, l) 表示文件 k 和 l 之间的相似关系，矩阵可以是共引索引。

11.5　微博总结

在本节中，我们要阐述的不是普通的文章，而是微博（例如 Twitter）。Twitter 中的文章，称为 tweets（推文），比一般博客的形成更快。归纳总结一系列文章的内容（通过搜索一些紧急和热门话题获得）是非常重要的。

以下是总结推文的过程（见图 11.9）。

（算法）总结推文

1. 搜索一组包含特定主题的相关文章。例如，如果一个散列标签（即被#标记的话题）是可用的，则相关的文章可以使用 API 的散列标签来指定键的搜索。

2. 从文章集中实时检测突发。突发的定义如下。

（定义）突发

- 两个连续事件的间隔时间的平均值变得比平均间隔短得多的一个时间段称为突发。

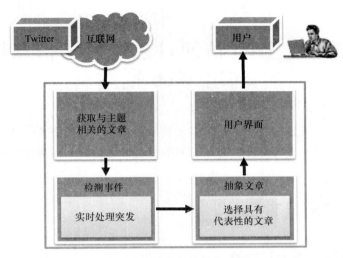

图 11.9　对推文的抽象过程

某一文档 d_1 与另一文档 d_2 之间的重复程度被定义为两个文档之间的相似性。其定义如下：

（定义）文档之间的相似性

- 文档之间的相似性 $(d_1, d_2) = \dfrac{|S(d_1) \cap S(d_2) \cap I|}{|S(d_1) \cup I|}$

其中，$S(d)$ 是由文档 d 所包含的一组特征项；I 是由文档集所包含的、由 TFIDF 来确定的一组重要项集。

参 考 文 献

[Anton et al. 2002] Howard Anton and Robert Busby: Contemporary Linear Algebra, John Wiley & Sons (2002).

[Burges 1998] Christopher J.C. Burges: A Tutorial on Support Vector Machines for Pattern Recognition. Data Mining and Knowledge Discovery 2(2): 121–167 (1998).

[Han et al. 2001] Jiawei Han and Micheline Kamber: Data Mining: Concepts and Techniques. Morgan Kaufmann (2001).

[Liu 2007] Bing Liu: Web Data Mining—Exploring Hyperlinks, Contents, and Usage Data. Springer (2007).

[Manning et al. 1999] Christopher D. Manning and Hinrich Schütze: Foundations of Statistical Natural Language Processing. The MIT Press (1999).

[Mitchell 1997] Tom M. Mitchell: Machine Learning. McGraw-Hill (1997).

[Modha et al. 2000] Dharmendra S. Modha and W. Scott Spangler: Clustering hypertext with applications to web search. Research Report of IBM Almaden Research Center (2000).

[Pitkow et al. 1997] James Pitkow and Peter Pirolli: Life, Death and lawfulness on the Electronic Frontier. In Proc. of ACM SIGCHI, pp. 383–390 (1997).

[robotstxt 2014] robots.txt http://www.robotstxt.org/ Accessed 2014

[Steinbach et al. 2000] Michael Steinbach, George Karypis and Vipin Kumar: A Comparison of Document Clustering Techniques. In Proc. of KDD Workshop on Text Mining (2000).

[Wang et al. 2002] Yitong Wang and Masaru Kitsuregawa: Evaluating Contents-Link Coupled Web Page Clustering for Web Search Results. In Proc. of the eleventh international conf. on Information and knowledge management, pp. 499–506 (2002).

[Yang et al. 1999] Yiming Yang and Xin Liu: A re-examination of text categorization methods. In Proc. of 22nd ACM International Conf. on Research and Development in Information Retrieval, pp. 42–49 (1999).

第 12 章　Web 访问日志挖掘　信息提取
深层 Web 挖掘

本章首先介绍 Web 访问日志挖掘的基本技术和应用，例如推荐、网站设计改进、合作滤波和 Web 个性化。接着，将讲述深层 Web 挖掘，即包括深层网络社交数据在内的提取信息技术。

12.1　Web 访问日志挖掘

12.1.1　访问日志挖掘和推荐

Web 访问日志挖掘是分析访问某一网站的用户的网站访问历史 [Liu et al. 2007]，其分析结果主要用于向其他用户推荐页面或重新设计网站。当正常用户和所谓的 Web 机器人访问网站时，包括 IP 地址、访问时间、请求页面、浏览器名称（即代理）、在此之前访问过的页面，以及搜索项都将被记录在 Web 访问日志中（见图 12.1）[Ishikawa et al. 2003]。

①**133.86.XX.XXX** ②- ③- ④[2006-04-01 10:27:07 +0900]
⑤**"GET /index.html HTTP/1.1"** ⑥**200**⑦**9554**
⑧**"http://www.tmu.ac.jp/academics.html "**
⑨**"Mozilla/5.0 (compatible; MSIE 9.0; Windows NT 6.1; Trident/5.0)"**

> ①**hostname** ②**ident** ③**authuser** ④**date**
> ⑤**request** ⑥**status** ⑦**bytes**
> ⑧**refer**
> ⑨**useragent**

图 12.1　Web 访问日志数据示例

数据经处理后，删除不必要的 Web 机器人记录，就是访问历史的日志了，从日志中提取会话（session），然后通过对用户进行分类或聚类来创建用户模型。

基本上，访问者是人类还是 Web 机器人是可以很容易知道的。因为 Web 机器人必须遵循网站关于机器人的协定（即，机器人排除协定）。此外，人类访客和 Web 机器人也可以通过在预先创建的机器人列表中检查是否包括访问者来进行区别。但是，这些方法对于恶意 Web 机器人或新的尚未注册的 Web 机器人无效。在这种情况下，需要检测 Web 机器人的访问模式，而这个任务本身将是一种 Web 访问日志挖掘 [Tan et al. 2002]。无论如何，为简单起见，假设 Web 访问日志已被清空，也就是说，Web 机器人的访问日志已通过某种方法被清除了。

同一用户访问的页面序列称为会话。访问者是否为同一用户，可由其 IP 地址判断。

一般来说，不能保证相同的 IP 地址（例如，动态 IP 地址）代表相同的用户。因此，为了能正确识别同一个用户，可能需要结合其他信息（例如，代理）。

通常假定一个访问和后续访问之间的时间间隔少于 30min，因此，会话是统一的。至于从访问日志中提取会话的其他方法，在整个会话期间可以使用整个会话的时间阈值或考虑包含它之前所访问页面会话中的访问页面。

下面阐述如何提取基于转移概率的访问模式。

从页面 A 到页面 B 的转移概率 $P(A \Rightarrow B)$ 计算如下（见图 12.2）：

- $P(A \Rightarrow B) = \{A$ 到 B 的转移数$\} / \{A$ 的总转移数$\}$

此外，页面路径的转移概率 $P(A \Rightarrow B \Rightarrow C)$ 计算如下：

- $P(A \Rightarrow B \Rightarrow C) = P(A \Rightarrow B) \times P(B \Rightarrow C)$

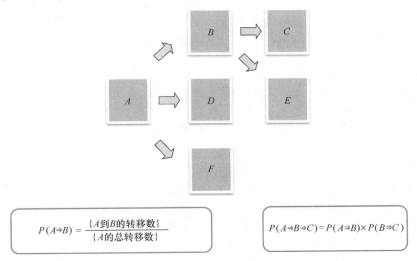

图 12.2　用户访问历史和转移概率

以上用于概率计算的方法假设每个转移都是一个独立的事件。

通过分组（聚类）提取用户的访问模式来构建用户模型。下面，以推荐为例来阐明挖掘结果的应用。当用户访问某个页面时，会有一项规则（等于或大于阈值的转移概率）作用其中。也就是说，用户和用户之间的相似性模型是通过某种方法计算出来的，然后得出最合理的用户模型。基于用户当前的页面，根据其访问模式在所选模型中向用户推荐另一个最可能的页面。

例如，以下是仅基于转移概率的推荐方案（见图 12.3）。

- 路径推荐：同时分析用户经常访问的不同页面的路径（即序列）并推荐整个路径。
- 基于链路预测的推荐：仅推荐最后一个用户经常访问的路径的页面。
- 基于访问历史的推荐：基于目前为止所访问的页面以及当前页面来推荐页面 。请注意，不同于之前介绍的概率 $P(A \Rightarrow B \Rightarrow C)$，推荐的、基于访问历史的、路径 $A \rightarrow B \rightarrow C$ 的转移概率 $P_H(A \Rightarrow B \Rightarrow C)$ 可通过以下公式计算：$P_H(A \Rightarrow B \Rightarrow C) = \{$从 A 到 C 经过 B 的转移数$\} / \{$从 A 到 B 的转移总数$\}$。

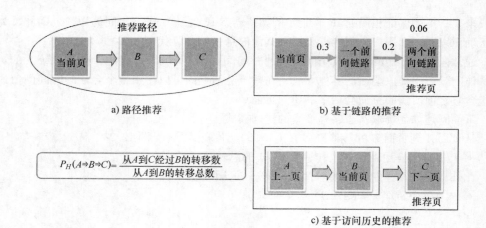

a) 路径推荐

b) 基于链路的推荐

$$P_H(A{\Rightarrow}B{\Rightarrow}C)=\frac{\text{从}A\text{到}C\text{经过}B\text{的转移数}}{\text{从}A\text{到}B\text{的转移总数}}$$

c) 基于访问历史的推荐

图 12.3　基于转移概率的推荐

因此，如果用户从除了页面 A 以外的页面（即 A'）来到 B，则此方法将使用 $P_H(A'{\rightarrow}B{\rightarrow}C)$ 的概率来代替。由于挖掘关联规则的变化，一般来说，Apriori 算法对于概率 P_H 的计算效率会有不小的提高。

此外，考虑到其他信息（如 Web 的结构页面）推荐系统能够采用下述方法赋予转移概率权重（见图 12.4）。

- 由链接加权的推荐：如果一个页面有 N 个页面链接，比较简单的方法是使用 N 作为页面的权重，相对复杂的方法是应用 Web 结构挖掘技术（如 PageRank）来挖掘网页中的信息，并确定网页在页面排名中的权重。
- 由用户访问加权的推荐：对于具有用户访问特征的页面给予较高的权重，例如用户长时间停留或经常访问的页面。

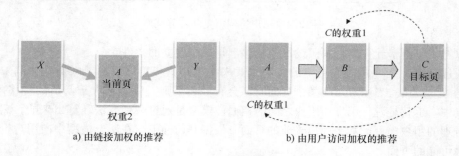

a) 由链接加权的推荐

b) 由用户访问加权的推荐

图 12.4　基于转移概率加权的推荐

笔者还考虑过以点击量的减少和用户到达目标页面的时间作为推荐有效性的度量 [Ishikawa et al. 2003]。基于这些度量，笔者发现链路加权推荐至少比其他没有权重的方法更有效。

12.1.2　聚类访问模式

这一节，让我们考虑聚类访问模式。每个会话都可以作为页面标识符的序列。因此，会话又可以在基于序列相似性的基础上进行分类。下面将介绍一个与用户访问模式聚类有关的研究［Ishikawa 等 2003］。

这项研究的目的是挖掘一家日本的电影网站在某个星期天的访问历史。这项工作使用二元转移的表达式。例如，从页 A 到页 B 由 A⇒B 表示。

一般来说，如果在网站中总共有 N 个页面，则可能会有 N × (N − 1) 个不同的转移。为了简单起见，每个会话由特征向量来表示，特征向量中的元素表示二元转移在会话中的存在性。这里，我们不使用页面转移的二元表达式表征，而是用页面转移序列来表示会话［Fu et al. 1999］，同时考虑在每页的逗留时间。

适用的聚类技术包括 k − 均值［Shahabi et al. 1997］、BIRCH［Fu et al. 1999］和其他方法［Yan et al. 1996］。在笔者的实验中，分层聚合聚类法被用于在 Web 访问的日志与基于欧氏距离的 Ward 方法里的会话。在实验中，若类似集群之间的最短距离发生剧烈变化，集群从 6 减少到 5，于是创建 6 个目标集群。因此，第 6 个集群是页面转移 *NextRoadshow* ⇒*Roadshow* 最频繁的（Roadshow 即巡回演出）。顺便说一下，该工具可以智能地形成集群可视化树状图并检测集群之间距离的变化。

用户通常期望 *Roadshow* 页面有本周的时间表而 *NextRoadshow* 页面有下周的时间表。根据星期天的访问日志，用户访问页面 *NextRoadshow* 是为了看到下个星期的日程表。

另一方面，巡回演出的日程表管理的是网站上从本周六至下周五的日程。下一周巡回演出的日程安排被包含在 *NextRoadshow* 页面中，每逢星期六它就会被从 *NextRoadshow* 页面移动到（而非复制）*Roadshow* 页面，例如，用户实际访问网站的那一天的前一天。此外，在本周六和下周二之间，页面 *NextRoadshow* 被清空以便更新。然后，用户注意到在星期日期间访问的"错误"页面（*NextRoadshow*）然后又被移动到"正确"的页面（*Roadshow*）。

事实证明，挖掘的结果就是，这样的用户访问频繁发生。也就是说，上面用引号（""）包围的部分在用户和站点管理员的认识上存在不同。换句话说，分析结果可以表明，该网站的设计是不合理的。在很多种情况下，像这样的在网站设计阶段是可以被检查出来的。虽然其结果能够通过推荐的页面弥补，但是它最有效的方式是为网站管理员提供建议，以便对不合适的设计进行改进。

12.1.3　合作滤波和 Web 个性化

一般情况下，类似下面这些功能的网站可以考虑使用基于访问日志挖掘相关的技术。

1. 推荐相关页面或一组相关页面，无须更改网站。
2. 动态更改现有页面，并推荐新的页面。
3. 建议网站管理员重新设计网站，即永久更改当前页面。

功能 1 和 2 对应于通常的 Web 推荐。特别地，功能 2 被称为 Web 个性化［Mobasher et al. 2000］。功能 3 对应于前面解释过的示例。无论如何，Web 访问日志挖掘的结果可以帮助用户有效地到达目标页面。此外，一些推荐系统则可以通过提前问卷的方式明确地获得用户的需求信息以建立用户模型，而其他推荐系统则可以分析用户的浏览页面和购买产品的历史数据。

下面的例子是很具有代表性的。目前许多商业网站都在运用。

- 亚马逊推荐给客户的图书，很多都是以前的客户买过的。这种情况使用共同参考和共同引用来识别用户模型和给出项目建议。

· 雅虎拍卖允许参与交易的各方评价每个交易。评价对公众开放，并且由第三方来实施交易。

因此，推荐系统会根据产品用户的需求、所购买产品的相关类别，或购买该产品的其他用户来推荐新的产品。基于最后一个例子（由亚马逊使用）中用户的行为模式的建议被称为合作滤波。合作滤波的系统架构如图 12.5 所示。毋庸赘言，诸如聚类、分类和关联分析（以及系列数据挖掘）这些已经解释过的数据挖掘技术，也都适用于这些推荐系统。

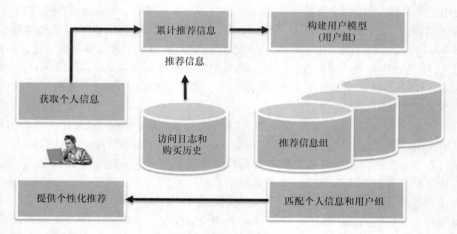

图 12.5　合作滤波的架构

12.2　信息提取

12.2.1　信息提取中的任务

假设存在一个项目可以用来创建元搜索引擎。为了实现现有搜索引擎的结果，从 SERP（搜索引擎结果页）提取关于每个页面的信息（例如，URL），通常列出 10 或 20 项检索页。类似地，为了使用互联网购物网站的搜索结果来构建元搜索引擎或对比购物网站，从每个项目的搜索引擎或对比网站的结果页面中正确提取项目是很有必要的。

此外，为了从研究者的论文或附属的学术团体中分析研究人员的活动，有必要正确地提取数字图书馆的文献计量学信息，以及国际会议委员会成员和杂志编辑组委会成员的信息。

而且，在地理信息系统（GIS）中，关于坐标的信息，如建筑物的位置和建筑物或设施的介绍，往往也是需要的。在这种情况下，可以从维基百科等相关网页中提取必要的信息。

因此，为了构建这些应用，需要识别这些实体并从网页中提取其属性值作为源信息，用于输入到网页中的内容，通常除了链接之外是非结构化（即 FLAT）文本或半结构化文本（HTML）。半结构化文本包括表和列表。在另一方面，用作输出的数据基本上是结构化的数据，其可以由关系数据库的元组（即记录）表示。但是，默认值、值的集合以及错误的值可以被包括在属性值中。因此，一般来说，输出数据可以被认为是半结构化数据（例如 XML）。

由此，提取关于在网页中作为输入的半结构化文本的实体的结构化数据或半结构化数据是十分有必要的。执行这样的发现和实体的转换称为信息提取。执行这个任务的程序被称为信息提取包装器，或者简称为包装器。

作为信息提取的输入数据的半结构化文本，既可以由服务器通过数据库（关系数据库）动态创建（当它们从深层网络被搜索到时），也可以像之前维基百科中的文章那样，作为静态页面被手工创建。这里，它们的这种变化可以考虑用于每个类别。我们会解释信息是如何从静态页面提取的。而针对动态页面的提取方法则将在挖掘深层 Web 的一节中详述。

12. 2. 2　信息提取中的问题

有关信息提取的技术问题如下。

因为实体信息通常是从两个或多个源中提取的信息（例如网站），所以包装器需要处理两个或两个以上的各种数据结构作为输入。对于包装器而言，它必须可以适应各种输入结构，而且要注意不能降低提取的准确性，因为它可能会接收到一些杂散的信息。

在一般情况下，属性及其值由于输入数据的信息源的不同而不同。属性是包括默认值及其他属性值在内的集合，而不是一个简单的值。如果在表中涉及两个或多个属性，则属性的顺序可能会有所不同。所有这些将使得信息的提取变得更加复杂。

此外，从实用的观点来看有必要节省开发成本和尽可能地降低维护成本。

首先，包装器将数据输入到两个或多个属性中。接下来，通过应用属性提取的规则来提取属性的值，并将提取到的每个属性统一到实体。如果任务包装器还包括预处理，它还将包括以下子任务（见图 12.6）。

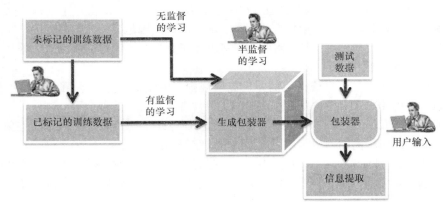

图 12.6　生成信息提取包装器的方法

1. 从一个或多个数据源获取输入数据。

2. 以输入数据作为训练数据或手动创建基于对输入数据检查的提取规则，以学习提取规则。

3. 通过提取规则提取值，并以适当的形式输出取值。

换句话说，信息提取本身可能就是一个数据挖掘技术的应用程序。

12. 2. 3　信息提取方法

无论是通过机器学习，还是手动创建提取规则并将提取的值以适当的形式输出，都是信息提取的重要部分。下面就介绍一些与这些问题有关的方法 ［Chang et al. 2006］。

（1）手动方法

此类别中的方法（手动创建包装器）包括下面的例子。

TSIMMIS［Hammer et al. 1997］允许用户描述输入值和相关处理命令的特殊匹配形式［变量，源和模式］，并以 OEM 的形式输出提取的数据来使用，以描述半结构化数据。

Minerva［Crescenzi et al. 1998］允许用户描述规则表达式。系统使用它们进行模式匹配，并通过执行与匹配模式相关联的异常处理程序来获得输出值。

WebOQL［Arocena et al. 1998］是一种基于被称为 Hypertree 的数据模型的搜索语言。它可以处理 HTML、XML 或嵌套关系。用户可以通过使用 WebOQL 对页面发出查询，并提取值作为结果。

（2）监督方法

此类别中的方法根据预先由人工准备好的训练数据来创建包装器集。它们包括以下实例。

SRV［Freitag 1998］生成用来判断输入片段是否是提取目标的逻辑规则，从而获得提取值的单一属性。SRV 试图尽可能多地学习积极的规则，摒弃消极的规则。

RAPIER［Califf et al. 1998］使用语法和语义处理单个属性的模式。

WHISK［Soderlandet et al. 1999］基于手动编写的训练数据，提取两个或更多的属性的输出模式。WHISK 会构建一般规则并逐步专业化。

STALKER［Muslea et al. 1999］通过被称为嵌入式目录的树结构将半结构化文档模型化以作为输入。树的叶节点是要提取的属性，而非叶节点则是关于元组的列表。按照树结构的分层方式，跟踪应用规则从父级提取子列并将子列划分为元组以便提取数据。

（3）半监督方法

本类中的方法通过用户获得实例并且提取规则。由于输入数据有可能不是严格正确的，所以需要由用户来对由这些方法生成的提取规则进行后期处理。

在 OLERA［Chang et al. 2004］中，系统通过用户显示的位置获悉应提取哪些值，然后创建基于共同编辑距离的其他相似值以提取模式字符串。

在 Thresher［Hogue et al. 2005］中，用户指定语义内容和它们的意思。系统根据树编辑距离来创建包装器，此外，用户可以将包装器节点与 RDF 类及具有某些含义的命题相关联。

（4）无监督方法

执行这个类别中的方法就可以完全自动地生成包装器。

RoadRunner［Crescenzi et al. 2001］假设创建网站的过程是从站点的后端数据库中制作

HTML 文档开始的，并认为可以通过推理 HTML 文档的语法来构建页面的包装器。

EXALG［Arasu et al. 2003］则是推断模板而不是语法。

基于上述四种信息的生成系统，提取包装器如图 12.6。

12.3　Web 深层挖掘

在人们创建的网站中，作为主要组成部分的文本被称为表层 Web 或浅层 Web。另一方面，在 Web 的后端，具有专用的数据库或存储库以存储大量数据并动态创建与用户的搜索项（如 Amazon 或 Google）相匹配的搜索页面的网站被称为隐藏 Web 或深层 Web。在这个意义上，深层 Web 也被称为 Web 数据库。深层 Web 的数据是浅层 Web 数据的 500 倍，并还在继续迅速增加［He et al. 2007］。

如上所述，最新的商业网站和社交网站大多是深层 Web，其中有一个数据库管理系统后端。然而，到目前为止，信息挖掘的方法尤其是爬网方法，对于这些网站就显得功能不足。根据挖掘深层网的目的（比如从深层网站收集数据或了解深层 Web 的含义），要解决的问题如下：

（目的 1）从深层 Web 收集数据。

1. 发现深层 Web 服务。

2. 提取输入术语（即条件），用于查询数据库。

3. 选择可用于虹吸数据库的术语页面作为查询结果。虹吸的图像说明如图 12.7 所示。

4. 获得整个原始数据库中虹吸结果覆盖率所需的比例。

（目的 2）了解深层 Web 的含义。

1. 发现深层 Web 服务。

2. 了解查询表单的结构和含义。

3. 选择应该输入到表单中的术语（即条件）。

4. 了解页面的结构和含义，查询数据库。

5. 分析和描述整个深层 Web 服务信息的结构，提取包装器。

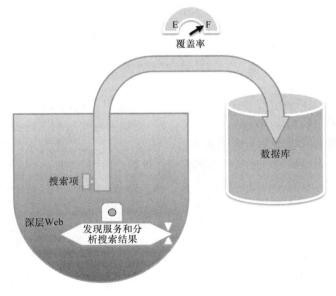

图 12.7　虹吸深层 Web

上述两个目的的一个共同的重要问题是发现深层 Web 服务。发现查询表单是必须要解决的问题。下列条件可以作为实现该目的的提示。

● 一个页面有 GET 和 POST。

● 有两个或更多的字段。并且忽视字段的自由搜索项。

● 页面没有要求输入个人信息的字段。如 ID、密码和信用卡号等。

在表单的结构分析中，表单的注释（即解释）可通过以下过程创建。

1. 搜索标签、名称字段或 ID 字段。

2. 使用字段前的文本。

3. 通过匹配表单，为表单创建候选一致的注释和领域概念（即本体）。

对于目的 1，收集具有高使用频率的数据并作为网站的搜索条件。每个条件在指定时间搜索，然后返回含有大量数据的条件（即，选择具有高覆盖率的条件）。在这种情况下，其中一个要解决的研究问题是在给定的约束条件下收集尽可能多的数据，比如，控制在可用资源的限制内获得搜索结果的所需成本的条件。例如，［Madhavan et al. 2008］中用的方法。

对于目的二，可以通过在结果页中提取任意重复出现的结构信息，自动构建包装器。［Senellart et al. 2008］就用到了其中的方法。

通常，通过信息提取（即网络检索）来整合搜索服务的结果。然而，现在 Web 服务 API 是可用的，它返回指定数量的固定数据的结果表单（例如，XML）。发现和使用这种 API 可以使 Web 的深层挖掘更容易。

以下可以被认为是深层 Web 挖掘的应用。

● 元搜索：用于构建使用两个元搜索引擎或更多搜索引擎，由每个搜索引擎统一从返回的 SERP 页面提取页面（URL）。

● 比较：收集来自其他两个或更多个深层网站的特定类别的对象（例如，项目和服务），并比较来自所有网站的相同对象的相同属性的值（例如，价格）。

● 集成（基于键）：从对应类别的深层网站获取属于相关的不同类别的对象（例如，作者、论文和会议），并为这些对象加入连接键，诸如作者姓名的键作为备用，然后将其呈现给用户。

● 集成（基于非键）：为各种类别从深层网站获取属于不同类别的对象（例如，预测核辐射传播的数据和降水的数据）。加入并使用与这些对象相关联的时间和空间的代理信息的对象作为通用连接条件。特别地，根据特定需求的科学规律（比如，明确的知识）所观察到的或计算获得的数据库来构建的深层网站称为集体智慧 Web。通过使用这样的网站，可以获得跨学科的集体智慧（例如，高水平的污染风险区域）。现在这样的深层 Web 在电子科学中的应用在数量上已经大幅增加。

根据上述应用，Web 数据库可以建模如下：

● 元搜索：作为子集虚拟数据库，每个搜索引擎通常会根据自己的标准（PageRank 和 HITS）从一个包含所有网页的虚拟数据库的子集中抓取页面并对它们进行排序。但是，每个页面的排名因搜索引擎而异。因此元搜索引擎需要对页面进行全局排名。

● 比较：每个深层 Web 点从一个包含了同一类别中所有对象的虚拟数据库中选择一个子集，并通过插入新值或更新对象的某个属性的现有值来存储子集。例如，相同商品的价格在不同的购物网站上是不一样的，因此，按照某些属性（如价格和星级评定）对对象进行排序使得用户可以轻松地找到自己想要的商品。

● 集成（基于键）：每个网站都包含属于它自己类别对象的数据库（或子集）。此外，每个数据库可以使用的内容属性包含通常作为与其他数据库连接的键。例如，发表科学杂志论文和国际会议论文的作者会被分别收录在科学杂志和国际会议的数据库里。它们可以通过以作者名作为连接键被连接起来。

• 集成（基于非密钥）：每个网站都包含一个属于其自己类别对象的数据库（或子集）。此外，每个数据库的属性包含时间和空间信息，这些可以普遍用作条件加入其他数据库中。例如，如果在同一时间和同一空间区域内，计算由放射能影响应急快速预测系统（System for Prediction of Environmental Emergency Dose Information，SPEEDI）所预测的核辐射传播与实际降水量（雨云量）之间重叠的部分，并将结果显示在同一幅地图上，那么就可以对重度放射性污染区域做出一个粗略的预测。作为跨学科集体智慧的体现，通过集成分析同一时间、同一地点的降雨量雷达图（由北本教授绘制［Kitamoto 2011］，略有改动）和 SPEEDI 的结果图像（由日本的原子力安全保安院绘制［Nuclear and Industrial Safety Agency 2011］，略有改动），就可以粗略地预测出重度放射性污染区域。图 12.8 是对集成分析的一个概括性的描述。

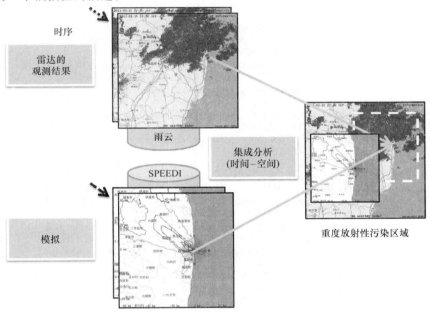

图 12.8 跨学科集体智慧的组成

参 考 文 献

[Arasu et al. 2003] A. Arasu and H. Garcia-Molina: Extracting structured data from Web pages. In Proc. of the ACM SIGMOD Intl. Conf. on Management of Data, pp. 337–348 (2003).

[Arocena et al. 1998] G.O. Arocena and A.O. Mendelzon: WebOQL: Restructuring documents, databases, and Webs. In Proc. of the 14th IEEE Intl. Conf. on Data Engineering, pp. 24–33 (1998).

[Califf et al. 1998] M. Califf and R. Mooney: Relational learning of pattern-match rules for information extraction. In Proc. of AAAI Spring Symposium on Applying Machine Learning to Discourse Processing (1998).

[Chang et al. 2004] C.-H. Chang, C.-N. Hsu and S.-C. Lui: Automatic information extraction from semi-Structured Web Pages by pattern discovery. Decision Support Systems Journal 35(1): 129–147 (2003).

[Chang et al. 2006] C.-H. Chang, M. Kayed, R. Girgis and K.F. Shaalan: A Survey of Web Information Extraction Systems. IEEE Trans. on Knowledge and Data Engineering 18(10): 1411–1428 (2006).

[Crescenzi et al. 1998] V. Crescenzi and G. Mecca: Grammars have exceptions. Information Systems 23(8): 539–565 (1998).

[Crescenzi et al. 2001] V. Crescenzi, G. Mecca and P. Merialdo: RoadRunner: towards automatic data extraction from large Web sites. In Proc. of the 26th Intl. Conf. on Very Large Database Systems, pp. 109–118 (2001).

[Freitag 1998] D. Freitag: Information extraction from HTML: Application of a general learning approach. In Proc. of the Fifteenth Conf. on Artificial Intelligence (1998).

[Fu et al. 1999] Yongjian Fu, Kanwalpreet Sandhu and Ming-Yi Shih: A Generalization-Based Approach to Clustering of Web Usage Sessions. In Proc. of WEBKDD, pp. 21–38 (1999).

[Hammer et al. 1997] J. Hammer, J. McHugh and H. Garcia-Molina: Semistructured data: the TSIMMIS experience. In Proc. of the 1st East-European Symposium on Advances in Databases and Information Systems, pp. 1–8 (1997).

[He et al. 2007] Bin He, Mitesh Patel, Zhen Zhang and Kevin Chen-Chuan Chang: Accessing the deep web. CACM 50(5): 94–101 (2007).

[Hogue et al. 2005] A. Hogue and D. Karger: Thresher: Automating the Unwrapping of Semantic Content from the World Wide. In Proc. of the 14th Intl. Conf. on World Wide Web, pp. 86–95 (2005).

[Ishikawa et al. 2003] Hiroshi Ishikawa, Manabu Ohta, Shohei Yokoyama, Takuya Watanabe and Kaoru Katayama: Active Knowledge Mining for Intelligent Web Page Management. Lecture Notes in Computer Science 2773: 975–983 (2003).

[Kitamoto 2011] Asanobu Kitamoto: An archive for 2011 Tōhoku earthquake and tsunami. http://agora.ex.nii.ac.jp/earthquake/201103-eastjapan/Accessed 2011 (in Japanese).

[Liu 2007] Bing Liu: Web Data Mining–Exploring Hyperlinks, Contents, and Usage Data. Springer (2007).

[Madhavan et al. 2008] J. Madhavan, D. Ko, L. Kot, V. Ganapathy, A. Rasmussen and A. Halevy: Google's Deep-Web Crawl. PVLDB 1(2): 1241–1252 (2008).

[Mobasher et al. 2000] B. Mobasher, R. Cooley and J. Srivastava: Automatic Personalization Based on Web Usage Mining. CACM 43(8): 142–151 (2000).

[Muslea et al. 1999] I. Muslea, S. Minton and C. Knoblock: A hierarchical approach to wrapper induction. In Proc. of the Third Intl. Conf. on Autonomous Agents (1999).

[Nuclear and Industrial Safety Agency 2011] Nuclear and Industrial Safety Agency: A result of SPEEDI. http://www.nisa.meti.go.jp/earthquake/speedi/speedi_index.html Accessed 2011 (closed as of this writng)

[Senellart et al. 2008] Pierre Senellart, Avin Mittal, Daniel Muschick, Remi Gilleron and Marc Tommasi: Automatic wrapper induction from hidden-web sources with domain knowledge. In Proc. of the 10th ACM workshop on Web information and data management, pp. 9–16 (2008).

[Shahabi et al. 1997] Cyrus Shahabi, Amir M. Zarkesh, Jafar Adibi and Vishal Shah: Knowledge Discovery from Users Web-Page Navigation. In Proc. of IEEE RIDE, pp. 20–29 (1997).

[Soderland et al. 1999] S. Soderland: Learning to extract text-based information from the world wide web. In Proc. of the third Intl. Conf. on Knowledge Discovery and Data Mining, pp. 251–254 (1997).

[Tan et al. 2002] Pang-Ning Tan and Vipin Kumar: Discovery of Web Robot Sessions based on their Navigational Patterns. Data Mining and Knowledge Discovery 6(1): 9–35 (2002).

[Yan et al. 1996] Tak Woon Yan, Matthew Jacobsen, Hector Garcia-Molina and Umeshwar Dayal: From User Access Patterns to Dynamic Hypertext Linking. WWW5/Computer Networks 28(7-11): 1007–1014 (1996).

第 13 章　媒 体 挖 掘

社交大数据的特点不仅仅是数据量大，而且数据结构种类多。本章将阐述针对 XML 数据、树、图的高级挖掘，针对图像和视频的多媒体挖掘，以及针对时间序列的数据流的挖掘。

13.1　XML 挖掘

13.1.1　挖掘 XML

本节将阐述有关半结构化数据（如 XML）的挖掘。虽然近年来有越来越多的人研究挖掘 XML，却很少有人对其进行系统的分析。遵循 Web 挖掘的分类规则，XML 挖掘分类如下：

- XML 结构挖掘
- XML 内容挖掘
- XML 访问日志挖掘

假设 XML 挖掘的主要目标是发现 XML 数据中的频繁模式，那么以下应用似乎很有前景。在本节中，我们对 XML 数据和 XML 文档之间并没有做严格的文字区别。

- 使用关系数据库有效地存储 XML 数据

通过总结关系数据库中的 XML 数据的频繁结构，数据库中表的连接操作（即关系）的数量是可以被有效地查询和处理的。

- 协助制定 XML 数据查询和视图

一般情况下，除非预先知道 XML 数据结构，否则，查询是不能制定的，但是如果了解了频繁结构的数据，就可以使用此结构来制定查询。因此，如果将这样的查询以 XML 数据视图的形式进行定义，我们就可以重复使用它了。

- 对 XML 数据进行索引

如果建立索引，则可以有效地处理 XML 数据查询并提前频繁访问 XML 数据。

- XML 数据汇总

在 XML 文档中会有一个经常使用的子文档，这个文档可以总结整个文件。在这个结构下，它们代表整个文件的大纲。

- XML 数据压缩

可以对结构中频繁出现的内容执行 XML 数据的有效压缩。

- 提取网页访问模式

Web 访问中经常提取频繁出现的访问模式日志并将其用于网页的推荐或重新设计网站。一般来说，因为访问模式可以更自然地由树结构或图结构建模而不是线性列表，所以 XML 数据也可以用于访问模式的表示。

下面，将详述 XML 结构挖掘、XML 内容挖掘和 XML 访问日志挖掘。

13.1.2　XML 结构挖掘

XML 结构挖掘主要从层次和元素属性的角度识别 XML 文档的结构。它可以进一步分类为 XML 文档中的结构挖掘和 XML 文档之间的结构挖掘。前者和后者分别称为 XML 内部结构挖掘和 XML 间结构挖掘。

在解释了关联分析、聚类分析和 XML 数据分类这些数据挖掘的基本技术应用后，我们将对个别的技术进行详尽的阐述。

（1）XML 内部结构挖掘

可以发现在 XML 中，标签之间的关系是可以应用于 XML 文档的关联规则挖掘的。例如，通过关注包容性关系，XML 文档的层次结构经常被转换成线性交易数据和标签组合，以用来共同发现在同一元素内的元素或标签。它也可以通过其他的差异标签区分同音字的标签。除了朴素贝叶斯分类之外，还有基于字典和叙词表（thesauri）的分类技术。另外，基于 EM 方法的聚类可以用于标签含义的归纳［Manning et al. 1999］。

（2）XML 间结构挖掘

XML 文档结构挖掘与 Web 上的对象之间的关系（如主题、组织、网站）的发现以及 XML 文档集元素之间的关系的发现有关。

尽管 XML 内部结构挖掘针对单个名称空间，但是 XML 间结构挖掘会涉及两个或多个名称空间和统一资源标识符（Uniform Resource Identifier，URI）。

像 XML 内部结构挖掘一样，XML 间结构挖掘也可以分类如下：

● 为了发现两个或多个 XML 中的标签之间的关系文档，可以应用关联分析。

● 在分类一组 XML 文档时，可以查看给定的文档类型定义（Document Type Definition，DTD）作为分类规则。如果给出了一个新的 XML 文档，则该文档被分配给与其 DTD 相对应的文档类。换句话说，给定文档将被分配到的类是通过对文档类的 DTD 进行验证来确定的。

● 对一组 XML 文档进行聚类需要发现各种 XML 文档的相似性。如果给出了两个或多个 DTD，则 XML 文档可以基于这样的 DTD 之间的相似性来分组。对于以这种方式创建的组，一个属于每个组的文档的、具有超级 DTD 文件的新 DTD 将被生成。

● 一般来说，DTD 的生产者和用户（即个人 XML 文档的制造者）被认为是分离的。这种关系可以被视为 Web 结构挖掘中的如 HITS 中的权重和中心。

● 基于对 XML 文档（实例）结构的观察，例如元素和属性的 XML 实例，可以从中预测 XML 的模式结构（即模型）。这种方法可以用于对 XML 数据库进行高效的存储和检索，此外，它能够查询生成的结果 XML 文档并预测 XML 文档的结构。

如上所述，如果跨越两个或更多个 XML 文件的结构挖掘技术被广泛认知，那么它将是 Web 结构挖掘与 Web 内容挖掘的一个重叠技术。尽管 XML 间结构挖掘不同于 Web 结构挖掘，前者更侧重于 XML 文档的内部结构，但是，如果 XML 兼容的 HTML（即 XHTML）被更广泛地使用，那么这两种技术之间的差异将会日益减少。

作为这种 XML 间结构挖掘的技术基础，一些技术依赖于 DTD 模式的存在，有一些则不需要。前者包括学者的研究［Shanmugasundaram et al. 1999］，后者包括 DataGuides 技术［Goldman et al. 1997］。这里，后者的技术被认为是更有用的，因为一般不能保证任何文件的 DTD 可用或者符合可用条件。

在下文中，我们会逐步了解 XML 的大纲提取、DTD 的自动生成、高效存储架构的发现等与 XML 结构发掘有关的技术。关于 XML 的结构分类和聚类则会在本小节的最后提到。

（a）大纲提取

这里，对于 XML 数据结构的大纲提取，DataGuides 技术是比较适用的。DataGuides 会创建关于诸如 XML 数据的半结构化数据结构的摘要（即，大纲）。它的目的是使用户能够浏览 XML 数据库的结构，然后针对 XML 数据库制定查询。此外，它有助于系统创建用于高效访问 XML 数据库的索引。

我们以 OEM 数据库将作为 DataGuides 要提取目标的半结构化数据库。作为 OEM 数据库的组件——对象由标识符唯一标识，对象是一个原始值（例如，字符串、数值、图像和程序），其值由零个或多个子对象组成，这样的对象和子对象是通过有标签的链接相连的。它可以被认为是一个 XML 数据库模型。OEM 数据库的模型如图 13.1 所示。

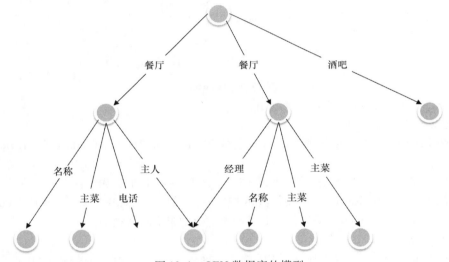

图 13.1　OEM 数据库的模型

在定义 DataGuide 之前，标签路径的定义如下：

（定义）标签路径、数据路径、实例和目标集

● 标签路径是沿路径的标签序列。

● 数据路径是沿路径的一对标签和对象的序列。

● 如果数据路径 d 的标签序列等于标签路径 l 的标签序列，那么数据路径 d 是标签路径 l 的一个实例。

● 目标集是一组可以通过遍历达到的标签路径对象。

DataGuide 使用上述概念定义如下。

（定义）DataGuide

用于 OEM 源对象 s 的 DataGuide 对象 d 满足以下条件：

● s 的每个标签路径在 d 的数据路径中只有一个实例。

- d 的每个标签路径都是 s 的标签路径。

例如，与图 13.1 中的 OEM 数据库对应的 DataGuide 如图 13.2 所示。

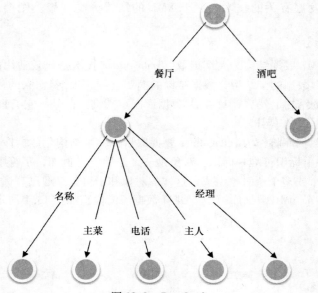

图 13.2 DataGuide

此外，强 DataGuide 的概念定义如下：

（定义）强 DataGuide

在强 DataGuide 中，每个 DataGuide 对象对应于目标到达该 DataGuide 对象的所有标签路径的集合。

例如，如图 13.3b 所示的是图 13.3a 的一个强 DataGuide 的对象而图 13.3c 不是。

类似于 Query By Example（QBE）[Zloof 1977]，用户可以对基于图形呈现的 DataGuide 对象进行查询。DataGuide 对象还提供了可用于优化的查询路径索引。

（b）自动生成 DTD

虽然 DataGuides 提供了关于半结构化数据的结构信息如 XML，但创建 DTD 不是它的初衷。一些研究旨在从 XML 数据自动生成 DTD。它们包括 XTRACT [Garofalakis et al. 2000] 和 DTD – miner [Moh et al. 2000]。如果给出了 XML 数据的集合，这些方法将基于集合生成 DTD。

XTRACT 包括以下步骤。

（算法）XTRACT

1. 泛化：使用经验规则，从输入序列中找出部分高频序列并且使其成为候选 DTD。

2. 因子分解：计算候选 DTD 的交集并作为结果成为新的候选 DTD。

3. 基于最小描述长度（Minimum Description Length，MDL）原理 [Tan et al. 2002] 的选择：从上一步骤中获得的候选 DTD 中选择 MDL 值最小的 DTD。

例如，让我们从序列 {ab, abab, ababab} 计算输入的 DTD $(a \mid b)^*$ 的 MDL 成本。DTD 的说明需要 6 个字符，三个序列中的每个都需要指定选择字符数 2、4 和 6，并表达为 a 或 b。每个序列中的重复数同样需要一个字符。总体上，需要 $6 + 1 + 2 + 1 + 4 + 1 + 6 = 21$

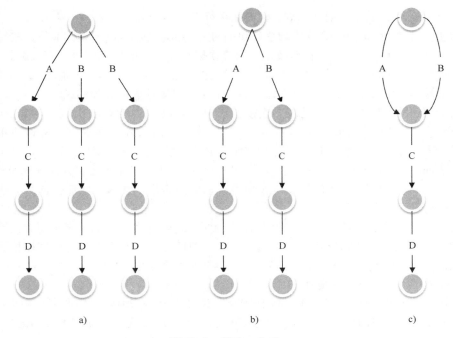

图 13.3 强 DataGuides

个字符。因此，在该示例中的 MDL 成本是 21。

请注意，XML 数据库即使存在 DTD，也不可能使用 DTD 模式作为 XML 文档结构的规范。DTD 的最初目的是描述 XML 实例的结构，因此 DTD 缺乏关于设计有效的数据库模式所必需的存储或有效的查询处理的信息。

基于 DTD 的 XML 架构，一些研究人员致力于在 XML 中建立一个规范化理论数据库 [Wu et al. 2001] 或 XML 函数依赖 [Chen et al. 2003] 的 XML 模式作为解决方案。有人提出了不通过 DTD 直接确定数据库模式的方法的实例。其中的方法之一将在下一节中详细描述。

（c）存储结构的发现

关于使用关系数据库来存储 XML 数据的技术，目前为止已经使用的有以下两种：

- 由系统预先确定在数据库中存储 XML 数据的技术模式。
- 从诸如 DTD 或实例模型动态生成在数据库中存储 XML 数据的技术模式。

第一种，由系统预先确定在数据库中存储 XML 数据的技术模式。这里让我们假设元素之间的包含关系分别对应于树的节点和边。Florescu 等人 [Florescu et al. 1999] 提出一种在单独的表中存储边和值的方法，在普遍关系中，假设所有元素都有值和边，为每种边使用单独表以存储所有元素。Jiang 等人 [Jiang et al. 2002，Yoshikawa et al. 2001] 则提出了通过划分 XML 数据的值（即，字符数据）、元素和路径来存储 XML 数据的方法。

这项技术具有以下优点：

- 任何 XML 数据都可以存储在相同模式的数据库中。
- 可以根据元素的顺序存储各种结构的 XML 数据。
- 包括父子关系的查询可以轻松转换成 SQL。

然而，它在灵活性方面也存在着以下的缺点：

- 每个元素的数据类型（例如，数值和字符串）不能自由定义。
- 数据汇总（如 XML 数据中的总和和平均值）与动态存储技术相比显得比较复杂。

第二种，基于动态模式的存储技术。系统根据每个元素的值能够灵活定义数据类型，例如数字类型和字符串。但是，由于表的数量也将随着元素种类的增加而增加，对于连接表的频繁操作需要大量计算成本。其结果就是容易出现响应时间增加的风险。

这个问题的解决方案之一是减少连接操作中表的数量。一些研究人员，如［Deutsch et al. 1999］和［Shanmugasundaram et al. 1999］，就是采用这种思路提出了各种使用 DTD 来生成图表的方法。虽然 DTD 对于这些技术是必不可少的，但终端用户不一定必须描述 DTD。［Klettke et al. 2001］中提出了基于 DTD、XML 元素的发生次数和查询频率的对象关系数据库（Object Relational Database，ORDB）辅助图表生成技术。然而，这些方法并没有考虑分离表的效率。

此外，DTD 缺乏足够多的数据类型信息以确定某个元素的子元素的最大出现次数，因为 DTD 的主要目的不是描述数据库模式，因此，DTD 不足以产生有效的数据库模式。也就是说，即使从相同的 DTD 获得的 XML 数据也会变得多样化，通常通过这样的 XML 数据确定的数据库模式也不一定是有效的。

另外，XML Schema 的表达能力高于 DTD［XML Schema 2014］，并且包含了太多适用于数据库模式生成的信息。所以这种包含信息的数据库模式生成的技术似乎大有可为。然而，XML Schema 和 DTD 一样也很难被终端用户直接定义。

笔者也想出了一个利用统计分析生成数据库模式的技术［Ishikawa et al. 2007］，以便对 XML 文档进行处理，相比处理查询标准化（即基线方法）XML Schema 和显示技术，它可以更高效地利用表划分。

（d）基于结构的分类和聚类

作为基于 XML 数据模式的分类，XRules 使用树结构挖掘［Zaki et al. 2003］。此外，一些研究例如［Chawathe 1999］和［Dalamagas et al. 2004］基于树结构之间的编辑距离，定义并使用了 XML 数据的相似性，以便聚类 XML 数据。XProj［Aggarwal et al. 2007］基于关联执行聚类规则挖掘系列数据。另一个方法来自［Harazaki et al. 2011］的定义并使用了 XML 路径作为元素有序集的相似性以集群 XML 数据。

13.1.3　XML 内容挖掘

在本节中，我们将对 XML 数据的内容挖掘进行概述。XML 内容挖掘是一个类似于 Web 内容挖掘和一般文本挖掘的任务，因为 XML 内容挖掘主要针对值（即字符串），同时也需要注意围绕值的标签的结构，因此它不同于文本挖掘，而是专注于值本身。

XML 内容挖掘可以被进一步分类为内容分析和结构说明。另外，压缩 XML 数据和观察 XML 数据的结构和内容，也将在这里进行详述。

（1）内容分析

在分类 XML 文档的 DTD 文件时，如果 DTD 是预先已知的，则可以缩小搜索空间只考虑符合此类的 DTD。如果 DTD 彼此相似，对应元素的值的集合相似性也很高，因此，在对 XML 文档进行聚类时，也可以使用 DTD 的相似性来减少搜索空间，而且可以使用相似性来发现 DTD 的同义标签内容。另一方面，一词多义的值可能会引起问题。在这种情况下，预期标签周围的值能够有助于消除歧义。

（2）结构说明

如果具有不同 DTD 的 XML 实例被分配到同一个集群，它将会导致在这些 DTD 之间的语义相关性的发现。反过来，如果具有相同 DTD 的 XML 实例被分配到不同的集群，则有必要怀疑 DTD 的标签的多义性的存在。作为 XML 内容挖掘的工具，用于 XML 数据的查询语言如 XQuery［XQuery 2014］就变得尤为重要。

（3）XML 数据压缩

由于 XML 数据是自描述性的，因此它们在本质上是冗余的。虽然冗余在某些方面可以是一个优势，但是它对通过网络进行 XML 数据存储和交换的性能却有影响。因此，很多压缩 XML 数据的技术有效地使用 XML 的结构和内容进行数据研究。一般来说，处理速度、压缩比和可逆性被认为是压缩算法的重要指标。

此外，必须考虑是否允许查询压缩 XML 数据。根据是否允许的不同，XML 数据压缩方法大致可分为两组。前者包括 XGrind［Tolani et al. 2002］，XPRESS［Min et al. 2003］以及［Ishikawa et al. 2001］所介绍的系统，后者包括 XMill［liefke et al. 2000］。

这里，从允许查询的系统数据的观点来看，笔者和 Yokiyama 研究的系统更加有效。该系统使用与赫夫曼编码类似的方法，即对标签的频率进行计数，并且按照升序对标签的频率进行排序。首先，将最短的代码被分配给具有最高频率的标签，接下来，第二短的代码被分配给具有的第二高频率的标签，直到分配完所有标记的代码，其中，XML 内容（即值）本身不被编码，通过这种方式压缩的 XML 数据仍然是原始的 XML 数据。因此，只需要通过使用现有的 XML 工具在原始标签和编码标签之间进行翻译，并检查条件值就可以在不解压压缩数据的情况下完成对压缩的 XML 的透明访问。XGrind 也使用赫夫曼编码来压缩 XML 数据，并保留结构的原始 XML 数据。

（4）XML 数据的自动生成

一旦积累大量的 XML 数据，类似于对服务或系统的可扩展性的质量评估这样的数据将会是很有价值的。然而，实际上很难获得对性能进行分析时所需要的各种实际数据，因此，合成 XML 数据或进行人工数据生成似乎有希望作为这个问题的解决方案。

人工数据的生成方法大致可以分为两种：

• 生成 XML 数据，以符合用户指定的数据结构。例如，xmlgen［Aboulnaga et al. 2001］，ToXgene［Barbosa et al. 2002］和 Cohen［Cohen 2008］等人的方法都包括在这个类别中。但是，可以指定的结构是固定的或有限制性的一些系统。

• 生成 XML 数据，以便反映实际数据的统计特征。例如，XBeGene［Harazaki et al. 2011］，分析了真实数据输入、提取结构和统计特征（例如，元素和值），并且生成任意大小的数据。XBeGene 使用 DataGuides 表示提取的结构。此外，XBeGene 还可以生成由用户指定的查询数据。

13.2 挖掘更普遍的结构

现在阐述比 XML 更通用的树结构和图结构的挖掘技术。

（1）树结构挖掘

在这里，根据 Zaki 的工作［Zaki 2002］，我们将定义树结构的挖掘及其相关的概念，具体算法后面还将阐述。

（定义）频繁树挖掘

• 当给定树数据集 D 和最小支持 $minSup$ 时，频繁树挖掘发现的包括在树（交易）TD 的每个元素的支持（在 D 中的频率）大于或等于最小支持度 $minSup$。由 k 个分支组成的一组树 s 表示 F_K。

（定义）范围

• 令树的根节点为节点 n_l，树中最右边的节点是 n_r。然后，节点 n_l 的范围由 $[l, r]$ 表示。

• 作用域列表是一个列表，其元素是树中的一个节点对及其对应的范围。

（定义）前缀

• 树的前缀表示的是以前序方式遍历树的叶节点后所得到的标签序列。这里，回溯（即返回）给父节点的值用 -1 表示。例如，树 T 及其前缀如图 13.4a 所示。每个节点都被添加在范围内。

（定义）嵌入式部分树

• 树 s 包含在树 t 中，意味着 s 的所有节点也是 t 的节点，如果在 t 中 n_x 是 n_y 的祖先，那么在 s 中 n_x 还是 n_y 的祖先，即，对于 s 的所有分支，有 (n_x, n_y)。在这种情况下，树 s 是树 t 的嵌入式部分树。从现在开始，它被简称为部分树。

例如，树 T 的部分树 S_1 如图 13.4b 所示。

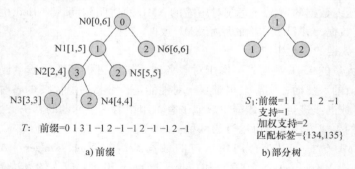

a）前缀　　　　　　　　　　　　　b）部分树

图 13.4　前缀和部分树

（定义）等价类 $[P]_k$

• 如果两个关于 k 的部分树 X 和 Y 到同一个节点 $(k-1)$ 具有共同的前缀 P，那么 X 和 Y 成为等价类的成员。这种情况下的等价类由 $[P]_k$ 表示。

• 前缀（即部分树）是通过添加元素 (x, i) 创建的，这个给予位置 i 的标签 x，称为 P_x。

等价类和部分树的连接（×）操作的示例如图 13.5 所示。此外，连接（$\cap_\times$）操作的示例范围列表如图 13.6 所示。

现在，我们将介绍通过这些概念发现频繁树的算法。

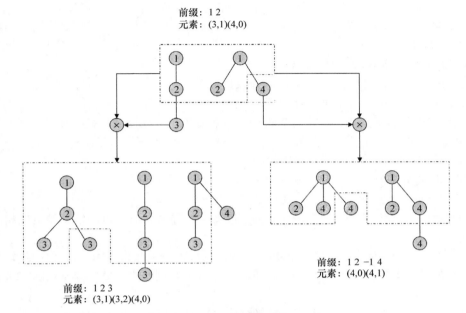

图 13.5 等价类和部分树的连接

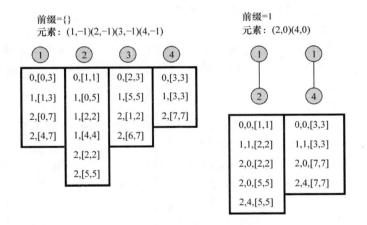

图 13.6 范围列表的连接

（算法）TreeMine（D，$minSup$）

1. 所有频繁树的部分 1 记为 F^1；

2. 所有属于 $[P]$ 的频繁树的部分 2 记为 F^2

3. 对于所有 $[P]_1$ 执行下面的算法｛

4. Enumerate_Frequent_Subtree（$[P]_1$）；｝；

（算法）Enumerate_Frequent_Subtree（$[P]$）

1. 对于属于 $[P]$ 的每个元素 (x, i)，执行以下计算｛

2. $[P_x] \leftarrow \varnothing$；

3. 对于属于 $[P]$ 的每个元素 (x, j)，执行以下计算 ｛

4. $R \leftarrow \{(x,i) \times (y,j)\}$；

5. $L(R) \leftarrow \{L(x) \cap_x L(y)\}$；

6. 如果 $(r$ 在 R 中频繁)，那么

7. $[P_x] \leftarrow [P_x] \cup \{r\}$；｝；

8. Enumerate_Frequent_Subtree($[P_x]$)；｝；

作为 XML 挖掘的应用，Zaki 对 Web 访问日志应用了一种树结构挖掘技术。这被称为 XML 访问日志挖掘。他通过挖掘访问日志结构对以下三个数据进行了比较。

（i）访问页集

（ii）访问页序列

（iii）访问页树

他观察到，虽然处理时间按顺序（i）<（ii）<（iii）递增，但获得的信息量也以相同的顺序递增。

此外，Zaki 和其他人扩展了 TreeMiner，为了更好地研究频繁 XML 树，他们为每个指定的单独的最小支持类创建了一个名为 XRules 的 XML 数据结构分类器[Zaki et al. 2003]。

（2）图挖掘

到目前为止，我们对用 XML 表示的半结构化数据（即有序树）的挖掘已经介绍得相当清晰。随着社交媒体的传播，研究人员也越来越重视挖掘图的研究。

首先，是问题（即，频繁图挖掘）的定义。

（定义）频繁图的挖掘

当给定图的集合 D 和最小支持 $minSup$ 时，发现与图 t（即，事务）的部分图同构的图形 g，其中 D 的每个元素的支集（即，频率 D）大于或等于 $minSup$，被称为频繁图的挖掘。同构图的概念定义如下。

（定义）同构图

如果两个单独构成的图，图中两个节点的邻接关系保持映射，并且两组节点之间也存在一对一映射，那么就说两个图是彼此同构的。

这里有个问题，特别是所谓的同构部分图问题，决定一个图和另一个图的部分（或子）图同构是已知的就是所谓的 NP 完全问题，它是不能在多项式内求解的。

图挖掘算法使用 Apriori 原理。这些原理包括 FSG［Kuramochi et al. 2001］和 IAGM［Inokuchi et al. 2000］。这里将介绍 FSG。

基本上，该算法具有与 Apriori 算法相同的结构，其算法如下：

（算法）FSG (D, σ)

1. 所有频繁图 D 的子图 1 记为 F^1；

2. 所有频繁图 D 的子图 2 记为 F^2；

3. $k \leftarrow 3$；

4. while $F^{k-1} \neq \varnothing$ ｛

5. $C^k \leftarrow \text{fsg} - \text{gen}(F^{k-1})$；

6. 对于 C_k 中的每个单元 g^k 执行下面的操作 ｛

7. $g^k . count \leftarrow 0$；

8. 对于 D 替换 t 的每个变换，执行下面的操作 ｛

9. 如果 g^k 包含在 t 中，则 $g^k.count \leftarrow g^k.count + 1;\};\};$

10. $F^k \leftarrow \{g^k | g^k.count >= minSup\};$

11. $k \leftarrow k+1;\};$

12. return F^1，F^2，…，$F^{k-2};$

其中，$\text{fsg-gen}(F_k)$ 的作用是从部分图 F_k 生成候选局部图 C_{k+1}。因此，一般具有 $(k-1)$ 部分的频繁 k 局部图被结合以产生 C_{k+1}。公共部分图在这种情况下称为核心。在集合的情况下只有一个 k 候选项目是从两个 $(k-1)$ 频率项中产生的。但是在图的情况下，两个或更多的候选图形如下。

（i）具有相同标签的节点是分开的（见图 13.7a）。

（ii）核心本身具有自构图（见图 13.7b）。

（iii）其具有两个或更多个核心（见图 13.7c）。

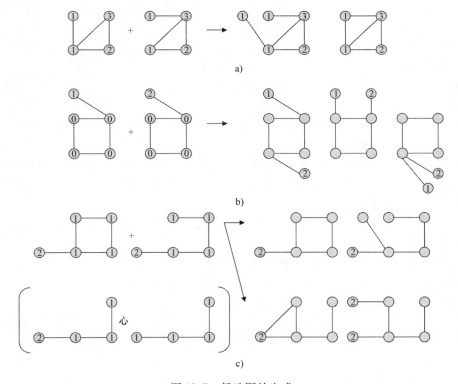

图 13.7　候选图的生成

TID 列表用于枚举候选图形，分区算法是对 Apriori 算法的一个扩展。Kuramochi 等人在实验中使用化合物研究和评估了上述算法，并且已经确定即便在较小的支持下（10% 或更少）仍然可以保持较高的速度来发现频繁图。

13.3　多媒体数据挖掘

传统意义上，信息系统中处理的大多数数据都是结构化的。然而由于 Web 的发展，不仅是文本和图像，视频和音频也越来越受到欢迎。除了 Flickr 和 YouTube 之外，Twitter 和 Facebook 也启用了用户在其文章中包含照片和视频的功能。因此，人们自然也会希望像文本、图像和视频这些所谓的多媒体数据也可以像数据库中的结构化数据那样被搜索。文本搜索在信息检索领域已被研究多年，并在网页搜索中达到了实用水平。类似地，通过用户指定的搜索项来搜索图像和视频的服务也开始在网络上逐渐流行。但是，用户很难通过他们所描述的内容来对多媒体数据的特征进行检索，所以，作为专门用于多媒体挖掘的技术，分类和聚类是搜索的基础。

与多媒体图像相关的研究与开发已经相当成熟。以图像搜索为例，下面将解释一些媒体搜索方法。作为一个搜索图像应用，可以使用从中提取的锚文本（即，到图像的链接上的文本）进行搜索。这种方法是目前大多数 Web 搜索应用的，然而，仅凭这样的项还不能完全描述所有的图像。基于内容的图像检索长期以来都是对图像特征进行的研究，如下所述。基于内容的检索使用的图像的主要特征如下：

- 颜色直方图：此功能是最简单和最容易处理的。然而，它不适合区分图像的不同纹理或成分。
- 小波：这个功能可以表示颜色、纹理和图像的组成。然而，它不适用于区分包含不同尺寸和位置的图像。
- 两个或多个特征的组合（例如，颜色直方图、颜色布局、边缘直方图和 CEDD[⊖]）［Van Leuken et al. 2009 ］，这种方法被广泛使用。每种特征的距离测度及将这些特征结合起来的方法都必须慎重选择。

此外，除了基于内容的图像检索之外，基础挖掘技术的应用如下：

- 图像关联分析

关联分析适用于两个或更多个的图像所包含的对象间特征之间的关系。在后一种情况下，可能需要进一步考虑空间关系（例如，上和下，左和右，包含关系）。

- 图像分类

关于目标特征的分类前面已经了解。如果给出新的图像，它们可以帮助将其分类到现有的类。其在图像识别和相关的科学研究中已经有了广泛的应用。

- 图像聚类

现在，网络上有大量的图像信息。在显示搜索结果时，不仅可以呈现搜索结果所需的结果图像，也可以同时呈现相似的图像。在后一种情况下，需要组合各种信息完成图像，如图像的位置、周围的文本、在原始页面中的链接，以及图像的特征来提高聚类的准确性。

然而，如果技术仅仅是依赖于像使用图像特征这样的应用域，则搜索结果的准确性就

⊖　颜色和边缘的方向性描述符（Color and Edge Direction Descriptor CEDD）：混合在直方图中的图像的颜色和纹理信息。

会有很大的局限性。换句话说，因为它本质上是对用户所表达的图像的意图的搜索，系统不仅需要考虑图像的原始特征，还需要正确地解读用户的意图。

越来越多的网站开始允许用户为其搜索的图像添加标签。进一步，网络上的图像对元数据（即 Exif 标签）和描述拍摄情况的位置信息（即地理标签）也越来越重视。一方面，仅仅依靠从锚文中收集到的搜索项来进行索引已显得力不从心，另一方面，标签用户已经可以随意地添加包括多媒体在内的社交数据了，这种数据一般称为社交标签。这样的社交标签可以表示社交数据的某些含义。社交标签和元数据也可以用于图像检索、图像聚类和图像分类。

下面我们会讲到如何通过使用元数据对地图上的一组照片进行数据挖掘，例如地理标签（即，位置信息）、exif 数据（例如，照相机方向、焦距）和社交标签（例如，地标名称）。

Shirai 等人［Shirai et al. 2013］首先利用照片的位置信息，在照片指定的地理空间所包含的每单位网格上计算密度，接下来使用 DBSCAN 方法，将彼此相邻的网格聚集，其密度高于指定的密度阈值并计算每个群集的地理质心。然后他们根据焦距和相机方向计算的角度将每个群集包含的照片分类为向内的照片，其中包含质心和其视角不向外的照片。通过从每个聚类的质心扩展一个区域，如果数目向内的照片超过向外的照片，他们在其相交的部分估计面积。基于包含的网格，他们已经按估算的面积成功地检测到轮廓的地标（即，感兴趣的地点）。

研究人员首先检索了一组来自 Flickr 的包含指定搜索词（例如，海滩）的照片。使用这样的位置信息照片，他们检测出地图上照片密度高的网格，然后利用将这样的网格彼此相邻连接的算法并沿着连接的网格绘制线条。通过使用该算法，他们已成功地检测出了真正的海岸线。

除了图像之外，可以想到的搜索、聚类和分类的实时流媒体数据还有视频和音频。但是，视频流不仅仅是帧序列（即，静止图像），还包括称为镜头的单元的帧的相干序列。基于内容视频的检索将通过笔者同他人的研究［Ishikawa et al. 1999］来解释。在检索之前，系统将分割视频流（即，MPEG－2 视频）转换成镜头序列，提取代表帧，并使用这些有代表的镜头的缩略图。在检索中，系统允许用户过滤一组视频，并允许用户进一步通过点击作为过滤结果的平铺视频的缩略图来获得所需的照片。

这个系统使用亮度直方图以便检测镜头与镜头之间的变化。通过检测框架内移动对象的区域以及其移动方向获得区域宏观块的运动矢量。同时，需要进行必要的调整摄影技巧（例如，摇摄、倾斜和变焦）。然后，将移动物体的区域分割成更小的颜色区域和不同的代表色，计算每个区域的质心和面积大小，将这些移动对象的特性存储在与之关联的专用数据库中。系统允许用户通过将彩色矩形组合在一起指定形状和颜色的方式来获得作为运动的样本对象，系统通过用户界面图形的运动方向（见图 13.8）检索包含用户指定样本的镜头，使用四叉树作为分层多维索引。因此系统将运动方向分类为 8 个（例如，上，下，右，左，右上和左下等）并建立对应方向上的 8 个四叉树。最后系统计算矩形之间的颜色距离的样本和每个元素的运动对象的集合，通过索引计算这些移动对象的总和，并按照升序排列呈现出一组相对应的移动对象的镜头。

此外，作为元数据，也可以使用 MPEG－7 作为一般框架，使用户能够描述视频搜索所需的各种功能。

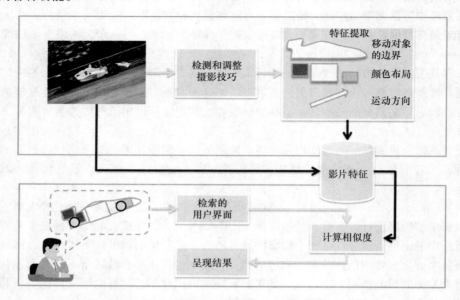

图 13.8　基于内容的影片检索

13.4　流数据挖掘

流是一种时间序列数据，它的来源诸如电话网络、计算机网络、传感器网络和信息系统（其领域包括金融、分销和制造业）。大多数流数据是巨大的，变化的和连续的。如前所述，社交数据，特别是 Twitter 可以看作是一种流数据。

13.4.1　基本技术

由于大多数流数据是在短时间内连续地生成并馈送到信息系统的，因此，通常在存在资源限制的环境中，如果执行流挖掘会存在超过系统容量的很大风险。

换句话说，如果可以适当地减少原始流数据，通过从数据中选择一部分或将数据变换成另一种形式进行挖掘，那么以现在的技术是可以实现的。以下技术就可以达到这些目的〔Gaber et al. 2005〕。

- 采样

一般来说，采样技术就是从原始数据中随机选择部分并保留原始数据的特性。流数据采样时，在整个流数据是未知的情况下，必须采取必要的措施来防止最后得到的流数据发生变化。

采样技术需要用到各种技术，其中包括到达频率的估计、分类（例如，决策树）、聚类（例如，k–均值）和对于流数据的查询处理，还有表达采样误差的采样率的函数。值得注意的是采样不适合发现异常值。

- 草图

草图是在值的基础上对流数据进行采样并创建整个数据的摘要，这样的采样技术被称为垂直采样。另一方面，在时间的基础上对流数据进行采样则被称为水平采样。草图可以用于处理聚合查询以查询两个或更多的流。在这种情况下，重要的是保证处理结果的正确性。

- 直方图

以直方图、频率矩和小波作为数据来表示流数据的概要的结构。直方图表示每个值的频率。k 阶频率矩是每个值的频率的 k 次幂的总和。从而，如果 $k = 0, 1, 2$ 或者 ∞，则它表示的数目分别是本征值、总频率、方差或最大值。小波将原始流数据展开为独立基函数的总和，而原始数据则可作为这些函数的系数。

- 聚集

聚集字面上表达的是流数据的平均值和方差的数字特征，它是统计概念。

- 滑动窗口

使用滑动窗口可以对最新数据相比先前的数据给予更多权重。窗口的大小表示可以回顾历史的长度。

- AOG（算法输出密度）

AOG 用于控制在存储器和吞吐量上具有限制的环境下计算结果的输出速率。例如，如果可用的内存正在变小，迄今为止获得的信息将被合并。

以上是流挖掘中经常使用的基本技术。

13.4.2　数据挖掘任务

下面，从基础数据挖掘任务（即，聚类、分类和关联分析）角度来看流数据挖掘技术。

- 聚类

聚类流数据需要通过有限的内存和时间的一个路径来处理数据。

STREAM［Babcock et al. 2002］是基于 k – 中心的聚类算法，其将 N 个点分配给与它们最近的 k 个中心。STREAM 使聚类中所有属于该集群的点与其中心之间的距离的平方和最小化，N 个点被划分为团（bucket），每个团包括 m 个点，并且对每个团执行聚类，团的大小由可用存储器的大小确定，然后只保留集群中心加权的部分并抛弃其他点，如果由此获得的中心的数量超过阈值，则需要对它们进一步应用聚类，以找到一个新的中心。

CluStream［Aggarwal et al. 2003］结合了在线聚类（即，微聚类）和离线聚类（即，宏聚类）。微集群通过由时间戳扩展的 BIRCH 中的 CF 来表示。在线聚类首先维持 q 个微集群，使它们进入主存储器，每个集群都有自己的边界，如果有新的数据进入一个集群的边界内，它们将被分配到这样的集群中，否则，将产生新的集群数据添加到集群。为了确保所有的集群适合主内存，宏集群可以根据一定的标准删除已存在的集群，或者将两个现有集群合并为一个。

宏聚类允许用户分析聚类的演变。这里假设时间范围是流数据的序列。用户可以指定 h 和 k 作为时间范围的长度和数量宏集群。系统通过计算时间范围从时间 t 处的 CF 减去在时间 $(t - h)$ 的 CF，并重新聚类微群集作为单独数据以获得 k 宏（即，更高级别）集群。

- 分类

流的分类必须同时考虑以下两种情况，一种情况是可用内存通常不足以重新扫描所有数据，另一种情况是模型随时间变化（即，发生概念漂移）。

首先，将解释 Hoeffding 界。Hoeffding 界断言，给定精度相关参数 δ，基于样本数据（N 项）的 r' 值和所有数据中真实的指标 r 之间的误差不超过下述公式定义的参数 ε 的概率为（$1 - \delta$）：

$$\bullet \quad \varepsilon = \sqrt{\frac{R^2 \ln \frac{1}{\delta}}{2N}}$$

其中，R 是取决于 r 的域的常数。例如，如果 r 是概率，则 R 是 1。如果 r 是信息增益，则 R 是 $\log C$，令 C 是类的数量。

因此，如果最佳和次优指标的差异大于 ε，属性将根据前者来选择指数。

如果有新数据到达，快速决策树（Very Fast Decision Tree，VFDT）［Domingos et al. 2000］会通过使用当前决策树和分类数据将数据存储在叶中。如果有任何叶子已经完全累积了数据，叶子将被扩展为基于 Hoeffding 约束的树。为了响应概念漂移问题，概念适应快速决策树（Concept – adaptation Very Fast Decision Tree，CVFDT）［Hulten et al. 2001］修改了 VFDT，以便做出树递增的决定。此外，可以想象的是，它还可以为每个流数据创建一个分类器并且针对前 k 个分类器进行集成学习。

- 项集计数

因为对频繁项目集进行计数的基本技术需要扫描所有数据两次或多次，所以它们不适用于流数据的计数。在流数据计数中，有损计数［Manku et al. 2002］允许用户指定最小支持度 σ 和误差界限 ε。所有项目的频率 f（圆整数）都可以被列举出来，它们连同频率（圆整数）的最大误差 d 被一并放在项目频率列表中。流被分成团，其大小等于置顶值（$1/\varepsilon$）。如果列表中已存在项目，则其频率将增加一个。如果应该属于团的项目被添加到列表一次，其频率被初始化为 1，误差 d 设定为（$b - 1$）。如果项目总数达到团大小的两倍，将从列表中删除频率 $f \leq (b - d)$ 的项目。这样，通过算法以便在存储器中维持项目频率列表的大小。

- 趋势分析

流数据可以通过观察诸如长期趋势、重复、季节变化和随机变化等元素的变化来分析。简单的检测变化的方法包括移动平均。这种方法计算平均值或加权平均值，并移动该组数据。移动平均可以使流平滑。在周期性重复中，发现循环本身变得很重要。

- 相似性搜索

其任务是，给定一个流，搜索类似于这个流的一个样本。它在确定部分匹配的流之间特别有用（见图 13.9）。然而，比较数据的尺寸维度（属性）是不现实的，也就是说，需要将原始数据转换为一组小于原始数据的特征。一些方法（如离散傅里叶变换、离散小波变换和主要成分分析）可用于该任务。尽管在许多情况下，根据以上特征是可以使用欧氏距离的，但还是要适当地区分相应的部分（如删除不足的部分），调整偏差及大小以便比较更多的流数据。

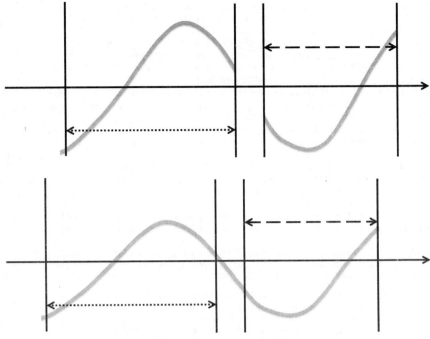

图 13.9　流的部分匹配

参 考 文 献

[Aboulnaga et al. 2001] A. Aboulnaga, J. Naughton and C. Zhang: Generating Synthetic Complex-Structured XML Data. In Proc. of the ACM SIGMOD Intl. Workshop on the Web and Databases, pp. 79–84 (2001).

[Aggarwal et al. 2003] Charu C. Aggarwal, Jiawei Han, Jianyong Wang and Philip S. Yu: A framework for clustering evolving data streams. In Proc. of the 29th international conference on Very large data base, pp. 81–92 (2003).

[Aggarwal et al. 2007] Charu C. Aggarwal, Na Ta, Na Ta, Jianhua Feng and Mohammed Zaki: XProj: A Framework for Projected Structural Clustering of XML Documents. In Proc. of 13th ACM SIGKDD intl. conf. on Knowledge discovery and data mining (2007).

[Babcock et al. 2002] Brian Babcock, Shivnath Babu, Mayur Datar, Rajeev Motwani and Jennifer Widom: Models and issues in data stream systems. In Proc. of the 21st ACM SIGMOD-SIGACT-SIGART symposium on Principles of database systems (2002).

[Barbosa et al. 2002] D. Barbosa, A. Mendelzon, J. Keenleyside and K. Lyons: ToXgene: an Extensible Template-based Data Generator for XML. In Proc. of the ACM SIGMOD International Workshop on the Web and Databases, pp. 49–54 (2002).

[Chawathe 1999] S.S. Chawathe: Comparing Hierarchical data in external memory. In Proc. of Very Large Data Bases Conference (1999).

[Chen et al. 2003] Yi Chen, Susan Davidson, Carmem Hara and Yifeng Zheng: RRXS: Redundancy reducing XML storage in relations. In Proc. of the 29th VLDB Conference, pp. 189–200 (2003).

[Cohen 2008] S. Cohen: Generating XML Structure Using Examples and Constraints. In Proc. of the Very Large Data Bases Endowment 1(1): 490–501 (2008).

[Dalamagas et al. 2004] T. Dalamagas, T. Cheng, K. Winkel and T. Sellis: Clustering XML Documents Using Structural Summaries. In Proc. of EDBT Workshops on Current Trends in Database Technology (2004).

[Deutsch et al. 1999] Alin Deutsch, Mary Fernandez and Dan Suciu: Storing Semistructured Data with STORED. In Proc. of ACM SIGMOD Conf., pp. 431–442, June 1999.

[Domingos et al. 2000] Pedro Domingos and Geoff Hulten: Mining high-speed data streams, In Proc. of the Sixth ACM SIGKDD International Conference on Knowledge Discovery and Data Mining, pp. 71–80 (2000).

[Florescu et al. 1999] Daniela Florescu and Donald Kossmann: Storing and Querying XML Data Using an RDBMS. IEEE Data Engineering Bulletin 22(3): 27–34 (1999).

[Gaber et al. 2005] Mining Data Streams: A Review: Mohamed Medhat Gaber, Arkady Zaslavsky and Shonali Krishnaswamy. ACM Sigmod Record 34(2) (2005).

[Garofalakis et al. 2000] Minos N. Garofalakis, Aristides Gionis, Rajeev Rastogi, S. Seshadri and Kyuseok Shim: XTRACT: A System for Extracting Document Type Descriptors from XML Documents. In Proc. of ACM SIGMOD Conf., pp. 165–176 (2000).

[Goldman et al. 1997] Roy Goldman and Jennifer Widom: DataGuides: Enabling Query Formulation and Optimization in Semistructured Databases. In Proce. of VLDB Conf., pp. 436–445 (1997).

[Harazaki et al. 2011] Manami Harazaki, Joe Tekli, Shohei Yokoyama, Naoki Fukuta, Richard Chbeir and Ishikawa Hiroshi: XBEGENE: Scalable XML Documents Generator By Example Based on Real Data. In Proc. of Intl. Conf. on Data Engineering and Internet Technology (2011).

[Hulten et al. 2001] G. Hulten, L. Spencer and P. Domingos: Mining time-changing data streams. In Proc. of the seventh ACM SIGKDD international Conference on Knowledge Discovery and Data Mining, pp. 97–106 (2001).

[Inokuchi et al. 2000] A. Inokuchi, T. Washio and H. Motod: An apriori-based algorithm for mining frequent substructures from graph data. In Proc. of Conf. on Principles of Data Mining and Knowledge Discovery, pp. 13–23 (2000).

[Ishikawa et al. 1999] H. Ishikawa, K. Kubota, Y. Noguchi, K. Kato, M. Ono, N. Yoshizawa and Y. Kanemasa: Document warehousing based on a multimedia database system. In Proc. of 15th IEEE International Conference on Data Engineering, pp. 168–173 (1999).

[Ishikawa et al. 2001] Hiroshi Ishikawa, Shohei Yokoyama, Seiji Isshiki and Manabu Ohta: Xanadu: XML- and Active-Database-Unified Approach to Distributed E-Commerce. In Proc. of DEXA Workshop, pp. 833–837 (2001).

[Ishikawa et al. 2007] Hiroshi Ishikawa, Hajime Takekawa and Kaoru Katayama: Proposal and Evaluation of a Technique of Discovering XML Structures for Efficient Retrieval, IADIS International Journal on WWW/Internet 5(1): 80–97 (2007).

[Jiang et al. 2002] Haifeng Jiang, Hongjun Lu, Wei Wang and Jeffrey Xu Yu: Path Materialization Revisited: An Efficient Storage Model for XML Data. In Proc. of Thirteenth Australasian Database Conf., pp. 85–94 (2002).

[Klettke et al. 2001] Meike Klettke and Holger Meyer: XML and Object-Relational Database Systems—Enhancing Structural Mappings Based On Statistics. Lecture Notes in Computer Science, vol. 1997, pp. 151–170 (2001).

[Kuramochi et al. 2001] Michihiro Kuramochi and George Karypis: Frequent Subgraph Discovery. In Proc. of ICDM Conf., pp. 313–320 (2001).

[Liefke et al. 2000] H. Liefke and D. Suciu: XMILL: An efficient compressor for XML data. In Proc. of SIGMOD Conf., pp. 153–164 (2000).

[Manku et al. 2002] Gurmeet Singh Manku and Rajeev Motwani: Approximate Frequency Counts over Data Streams, In Proc. of the 28th International Conference on Very Large Data Base, pp. 346–357 (2002).

[Manning et al. 1999] Christopher D. Manning and Hinrich Schütze: Foundations of Statistical Natural Language Processing. The MIT Press (1999).

[Min et al. 2003] Jun-Ki Min, Myung-Jae Park and Chung Chin-Wan: XPRESS: a queriable compression for XML data. In Proc. of the 2003 ACM SIGMOD intl. conf. on Management of data, pp. 122–133 (2003).

[Moh et al. 2000] Chuang-Hue Moh, Ee-Peng Lim and Wee-Keong Ng: DTD-Miner: A Tool for Mining DTD from XML Documents. In Proc. of Second Intl. Workshop on Advance Issues of E-Commerce and Web-Based Information Systems, pp. 144–151 (2000).

[Shanmugasundaram et al. 1999] Jayavel Shanmugasundaram, Kristin Tufte, Gang He, Chun Zhang, David DeWitt and Jeffrey Naughton: Relational Databases for Querying XML Documents: Limitations and Opportunities. In Proc. of the VLDB Conf., pp. 302–314 (1999).

[Shirai et al. 2013] Motohiro Shirai, Masaharu Hirota, Hiroshi Ishikawa and Shohei Yokoyama: A method of area of interest and shooting spot detection using geo-tagged photographs, In Proc. of ACM SIGSPATIAL Workshop on Computational Models of Place 2013 at ACM SIGSPATIAL GIS 2013 (2013).

[Tan et al. 2002] Pang-Ning Tan and Vipin Kumar: Discovery of Web Robot Sessions based on their Navigational Patterns. Data Mining and Knowledge Discovery 6(1): 9–35 (2002).

[Tolani et al. 2002] Pankaj M. Tolani and Jayant R. Haritsa: XGRIND: A Query-Friendly XML Compressor. In Proc. of IEEE ICDE Conf., pp. 225–234 (2002).

[van Leuken et al. 2009] Reinier H. van Leuken, Lluis Garcia Pueyo, Ximena Olivares and Roelof van Zwol: Visual diversification of image search results. In Proc. of WWW, pp. 341–350 (2009).

[Wu et al. 2001] Xiaoying Wu, Tok Wang Ling, Sin Yeung Lee, Mong-Li Lee and Gillian Dobbie: NF-SS: A Normal Form for Semistructured Schema. In Proc. of ER Workshops, pp. 292–305 (2001).

[XML Schema 2014] XML Schema http://www.w3.org/XML/Schema Accessed 2014

[XQuery 2014] XQuery http://www.w3.org/TR/xquery/Accessed 2014

[Yoshikawa et al. 2001] M. Yoshikawa and T. Amagasa: XRel: A path-based approach to storage and retrieval of XML documents using relational databases. ACM Transactions on Internet Technology 1(1): 110–141 (2001).

[Zaki 2002] Mohammed Javeed Zaki: Efficiently mining frequent trees in a forest. In Proc. of KDD Conf., pp. 71–80 (2002).

[Zaki et al. 2003] M.J. Zaki and C.C. Aggarwal: XRules: an effective structural classifier for XML data. In Proc. of the ninth ACM SIGKDD intl. conf. on Knowledge discovery and data mining (2003).

[Zloof 1977] M. Zloof: Query By Example. IBM Systems Journal 16(4): 324–343 (1977).

第 14 章　可扩展性和异常检测

在本章中，我们将会对数据挖掘的可扩展性的实现进行尝试，包括对于社交大数据的关联分析、聚类和分类。此外，在后面的章节中，还会介绍异常值检测。

14.1　关联分析的可扩展性

通常，作为基本技术的并行技术是可扩展性［Zaki 1999］的基础。基于是否在处理器之间共享存储器的不同，并行技术可以分为两种：共享存储器的方法，一般称为共享内存，可以以统一的方式直接访问系统的所有存储器，因此编程相对简单，但是由于数据传输对总线带宽的限制，其对于处理器的可扩展性有限；每个处理器具有其自身的存储器并且不与其他处理器共享存储器的方法，称为不共享内存，该方法需要根据单独发送给它们的信息来访问每一个处理器，因此，编程相对复杂，但可扩展性的问题可以很直接的解决。

14.1.1　不共享内存

首先，将描述不共享存储器的方法。

（1）基于 Apriori 的计数分布

在该方法中，每个处理器都具有可以构建的本地数据库。通过划分全局数据库［Agrawal et al. 1996］，创建一个哈希树以便从全局频繁项目集 L_{k-1} 中计数候选全局频繁项集 C_k。每个处理器根据本地数据库计数支持，然后与其他人交换结果，并获得全局支持计数。每个处理器以并行的方式生成 C_k，由此获得 L_{k-1}。重复这个过程，直到找到所有频繁项集。

（2）基于 DHP 的方法

这个方法建有散列表，以便计算 1 号项集的本地支持和基于 2 号项集的 DHP（动态散列和修剪）［Park et al. 1995］。通过所有点的广播（all－to－all broadcasting），每个处理器可以获得 1 号项集的全局支持计数。对于 2 号项集，只需频繁地与散列表中的条目进行交换，便可获得 2 号项集的全局支持计数。此后，类似于 Apriori 算法，由 L_{k-1}（$k > 2$）产生 C_k。

（3）基于 P2P 分区的方法

笔者及笔者同事的工作［Ishikawa et al. 2004］旨在通过 P2P（Peer to Peer，对等）实现大规模和低成本的并行网络挖掘。这种方法可以归类于基于分区的无共享。它通过分区之间的 P2P 协议交换本地连接的处理器之间的本地项集，从而可以简化控制和减少网络传输。

为了执行负载平衡，将等级视为每个节点的处理能力的标签。考虑到传输延迟的影响，从与前一个节点相邻的节点的等级确定节点的等级。通过使用分布式散列表，使得每个节点都具有处理其相邻节点信息的能力。使用该方法可以计算排名，而不需要中央服务器去执行负载平衡。

14.1.2　共享内存

这里将解释共享存储器方法。

（1）Zaki 的基于 Apriori 的方法

在该方法中［Zaki et al. 1997］，每个处理器都有自己的分区，其份额与对整个数据进行逻辑上划分后的相同，并且共享候选全局频繁项集的哈希树，以每个叶节点为单位锁定结构用于同时更新哈希树。每个处理器以其逻辑分区计算频繁项集的支持计数。

（2）基于 DIC 的方法

这种方法［Cheung et al. 1996］将 p 个虚拟分区分配给 p 个处理器，假设 $l \geqslant p$。为了计算每个分区的局部计数，令 m 是项集的大小，m 维空间中含有 l 个向量。根据向量之间的距离，执行使集群间距离最大化而集群内距离最小化的聚类，其中令 k 为集群数。因为 DIC 需要同构分区，所以从 k 个集群中的每一个中选择相同数量的元素并将其分配给每个处理器上。所以在每个处理器上，会产生 r 个均匀子分区并且从 k 个集群中的每一个选择相同数量的元素并分配到子分区。

14.2　聚类可扩展性的方法

聚类的可扩展性方法包括以下：
- 引入层次结构和聚合数据结构体。
- 使用随机采样。
- 分区数据并使用数据密度。

下面将描述分层方法和基于密度的方法，而图挖掘也可以作为一种聚类离群值的检测方法。

14.2.1　分层方法

BIRCH［Zhang et al. 1996］、CURE［Guha et al. 1998］和 Chameleon［Karypis et al. 1999］所描述的是层次聚类的典型变体算法。下面会详述 CURE 和 BIRCH，而 Chameleon 则将作为一种基于图的聚类方法被讲解。

（1）BIRCH

BIRCH 引入了 CF（Clustering Feature，聚类特征）树的概念。BIRCH 执行层次使用 CF 树进行聚类并执行所构造的重建聚类。CF 树是一种平衡树，其每个节点表示一个聚类。节点存储的 *CF* 值表示子节点的特征，即子集群（见图 14.1）。
- *CF* 值 = (m, *LS*, *SS*)

子群集包含 m 个多维向量 d_i（i = 1, 2, …, m）。*LS* 和 *SS* 分别表示向量和与向量的平方和。可以通过使用 *LS* 和 *SS* 来递增地计算平均值（即，簇的质心）和方差。这些值也可以用于计算集群之间的距离。CF 树的非叶节点有多个子节点，这些子节点由诸如页面的大小的参数和属性的数量这些参数来确定。非叶节点可以存似 *CF* 值，并指向它的子节点。叶节点（集群）也具有多个条目，每个条目表示扫描向量的数量。基于 CF 树的聚类的步骤如图 14.1 所示。

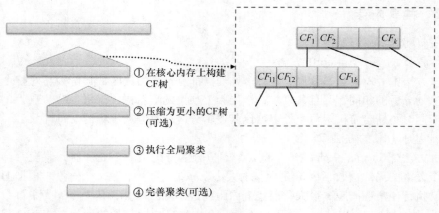

①在核心内存上构建 CF 树

②压缩为更小的CF树（可选）

③执行全局聚类

④完善聚类(可选)

图 14.1　BIRCH

（2）CURE

CURE 旨在使用代表性对象形成非球形聚类（见图 14.2）。基于随机采样，CURE 对于算法具有较强的可扩展性。CURE 通过随机采样确定样本数据的大小以便从每个集群中获得至少一定数量的对象。

（算法）

1. 从 N 个数据中抽取随机样本；

2. 根据随机样本中制作 P 分区；

3. 将每个分区聚集在 N/PR 代表点周围；N/R 子集群可以得到一个结果；其中，R 是期望的分区数据缩减值；

4. 将层次化聚集聚类应用于从底部到所需数量的集群（例如，两个由图 14.2a 中的虚线连接的集群）；

5. 用最近的集群的标签标记每条剩余数据。

14.2.2　基于密度的聚类

在本节中，基于空间概念，我们将会在聚类算法中引入物理类比的密度。基于密度的聚类可以分为基于质心的方法和基于网格的方法。基于低维空间的数据划分方法打开了通过并行处理改进扩展性的大门。

（1）基于质心的方法

DBSCAN［Ester et al. 1996］是一种基于传统密度概念的方法。DBSCAN 算法通过基于集群的质心的密度执行聚类，设 $MinP$ 和 ε 分别为集群中对象的最小数量和集群的半径。DBSCAN 可以在密度相连的最大范围内聚集空间中任意形状的对象。

（定义）密度相连

- 以对象为中心、ε 为半径的范围称为 ε 邻域。

- 如果一个对象的 ε 领域中至少包含 $MinP$（即，阈值参数）个对象，则称该对象为

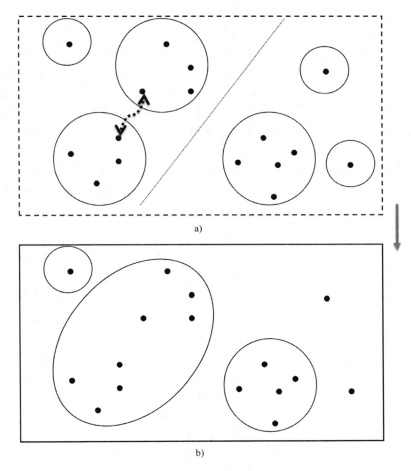

图 14.2　CURE

核心对象。

- 位于核心对象的 ε 邻域内，但又不是核心对象本身的对象称为边界对象。
- 既不是核心对象也不是边界对象的对象称为噪声对象。
- 如果对象 p 在对象 q 的 ε 邻域中，则称 p 可从对象 q 出发直接密度可达（directly density – reachable）。
- 在序列 $\{p_1 p_2 \cdots p_n\}$ 中，如果 p_{i+1} 可以从（$p_1 = q$ 和 $p_n = p$）出发直接密度可达，则称 p 可从对象 q 出发间接密度可达。
- 如果 p 和 q 是从另一个对象密度可达的，则称 q 和 p 是密度相连的。

DBSCAN 算法根据上述描述进行聚类的步骤如下：

（算法）DBSCAN

1. 将对象分为核心对象、边界对象或噪声对象。

2. 移除噪声对象。

3. 使用边缘将各自 ε 邻域中的核心对象连接起来。

4. 将连接的核心对象分组到一个单独的集群中。

5. 将边界对象分配给与其相关联的核心对象所在的集群。

密度的可达性构成了直接密度的传递可达性。因此，集群是彼此密度相连的对象的最大集合。例如，令圆的半径和 $MinP$ 分别为 ε 和 3，则 P_2 和 P_1 是核心对象，P_3 是边界对象（见图 14.3）。P_3 可以通过 P_2 从 P_1 密度达到，因此 P_1、P_2 和 P_3 是密度相连接的（见图 14.3a）。类似地，O、Q 和 R 也都是密度相连的，所有这些对象将属于同一个集群（见图 14.3b）。但是并不包括聚类对象中的噪声对象（即，异常值），因此噪声对象在该算法中是被删除的。

如果 N 是对象的数量，那么 DBSCAN 算法的时间复杂度主要取决于 N^*（搜索 ε 邻域中的点所需的时间）。在最坏的情况下复杂度为 $O(N^2)$，但是使用诸如 R* 树、kd 树等分层索引的话，在低维空间中可以将复杂度降低到 $O(N\log N)$。

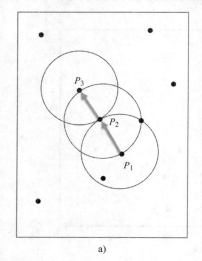 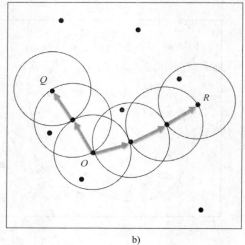

a)   b)

图 14.3　DBSCAN

与 k - 均值不同，DBSCAN 可以在噪声对象相对强的情况下找到具有所需形状和大小的集群。而且，集群的数量是自动确定的。当然 DBSCAN 也存在问题；在高维情况下它很难定义密度的意义，而且在集群具有不均匀的密度的情况下它表现得也不是很好。

综上所述，DBSCAN 适合于根据地图上的位置信息聚类一组图片。

（2）基于网格的聚类

让我们考虑具有单个属性的每个维度所对应的多维空间。假设每个维度由一系列相邻间隔组成。该算法所要聚类的一组点被包含在网格单元中，或者是简单的多维度间隔所包围的单元中。假设所有有相关联的诸如包含在空间中的数据和单元被聚类。

间隔的宽度通常通过执行合并来确定，其用于连续值的离散化。因此，在每个维度间隔中都会具有诸如恒定宽度和常数的属性频率，需要根据使用它们的方法进行聚类。

DENCLUE［Hinneburg et al. 1998］描述了基于网格概念的聚类算法。（DENsity CLUstEring，密度函数聚类）将一组点的密度函数模型化为每个点的影响函数，围绕点收集高密度的数据。这种方法通常使用以下影响函数（Influence function），它是表示 y 在点 x 上的影响的对称函数。

- $f_{高斯}(x, y) = e^{-\frac{d(x,y)^2}{2\sigma^2}}$

其中，D 是 x 和 y 之间的距离；σ 是控制衰减影响的参数。

点的密度函数是所有其他点的影响函数的和。一般地，密度函数的点集具有局部峰值，称为局部密度吸引点。

算法的概要如下。

对于每个点，通过使用爬山（hill - climbing）的方法［Russell et al. 2003］找到局部密度吸引点，并将点关联分配给找到的局部密度吸引点，从而形成集群。与局部密度吸引点相关联的点，如果其峰值低于规定的阈值 ξ 就作为噪声对象剔除掉。连接两个峰值的所有点的密度如图 14.4 所示，实线是高于或等于 ξ 的集群相关峰值的聚类。

因为一个点的密度是所有其他点的密度的总和，所以计算成本基本上变为 $O(N^2)$，其中，N 为数据点数。因此，DENCLUE 为了解决这个问题，将包含所有数据点的区域划分为单元网格，不考虑不含点的单元格，单元格和相关信息通过使用树结构索引来访问。为了计算点的密度，并找到最接近点的局部密度吸引点，只能使单元格包含可以与前一单元连接的点和单元。虽然这种算法会降低对密度估计的准确性，但是却可以大幅减少计算成本。

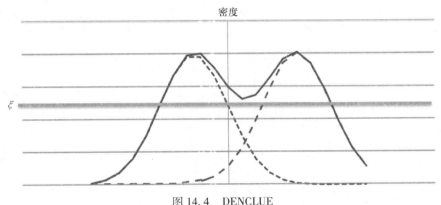

图 14.4　DENCLUE

由于 DENCLUE 是基于密度函数的，所以它可以比 DBSCAN 做出更准确和灵敏的密度计算。同时，它也和其他方法一样存在缺陷，DENCLUE 在一些类似于密度不均匀和高维数据的情况下表现不佳，而且，参数 σ 和 ξ 可能会极大地影响到最终的集群。

14.2.3　图聚类

首先，让数据与数据间的邻接关系分别作为图的节点和带权重的边。以下将介绍基于图的聚类方法——Chameleon。

Chameleon［Karypis et al. 1999］是一种分层的图聚类方法。如果两个节点中的一个在 k 个邻近节点之中，则将这两个节点连接之后所得到的边的权重表示这两个节点之间的相似度。这样构造的图是称为 k - 最近邻图。图 14.5b ~ d 中的图分别为图 14.5a 的 1 - 最近邻图、2 – 最近邻图和 3 – 最近邻图。

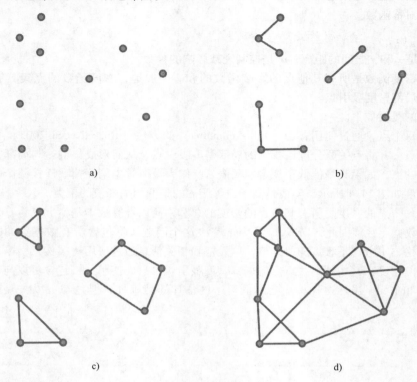

图 14.5　Chameleon

下面将描述 Chameleon 算法的概要。

（算法）Chameleon

1. 基于 k – 最近邻居构造 k – 最近邻图的所有数据。

2. 将图形分成尺寸小于或等于阈值参数的子图（即，集群）。

3. 重复以上步骤，直到没有要合并的集群为止 ｛// 凝聚法。

4. 选择并合并集群，该集群的自相似度是由相对紧密度（Relative Closeness，RC）和相对互连度（Relative Interconnectivity RI）的组合确定的，最后将最好的集群保留下来。｝

这里将使用 RC 和 RI（将在下面定义）测量集群的自相似性，即要合并的集群和集群之间的相似性。

（定义）相对紧密度（RC）

$$\bullet \; RC = \frac{S(C_i, C_j)}{\dfrac{m_i}{m_i + m_j}S(C_i) + \dfrac{m_j}{m_i + m_j}S(C_j)}$$

其中，m_i 和 m_j 分别是聚类 C_i 和 C_j 的大小；$S(C_i, C_j)$ 是连接 C_i 和 C_j 的边的权重的平均值（即，k – 最近邻）；$S(C_i)$ 是 C_i 被划分为两个集群的情况下边的权重的平均值；$S(C_j)$ 同上。

（定义）相对互连度（RI）

$$\bullet\; RI = \frac{E(C_i,\; C_j)}{\frac{1}{2}[E(C_i)+E(C_j)]}$$

其中，$E(C_i,C_j)$ 是连接 C_i 和 C_j 的边的权重的和（即，k – 最近邻）；$E(C_i)$ 是在 C_i 被划分为两个集群的情况下边的权重的和；$E(C_j)$ 同上。

作为自相似的集群的组合，有"$RC(C_i,C_j)^{\alpha} \cdot RI(C_i,C_j)$"。其中，$\alpha$ 是用户指定的参数，通常大于 1。

k – 最近邻图可以以 O（$N\log N$）的成本计算成本来构建。为了将图形分成两个，Chameleon 使用了称为 hMETIS 的程序，令其计算成本为 $O(N)$，假设 N 是数据点的数量，则需要 $O(N\log(N/P))$ 的成本以分割成 P 个图形。分层聚类可以以 $O(N^2\log N)$ 的计算成本来运算，需要平分成（$P-i$）个子群，那么在聚类的迭代中，计算第 i 个的相似度需要 $O(PN)$ 的成本。所以总计算成本是 $O(PN + N\log N + N^2\log N)$。

由于使用 k – 最近邻，Chameleon 对于异常值和噪声对象存在的处理是相对鲁棒的。但是 Chameleon 由分区创建的点集对应于集群，因此，它也有一个缺陷，那就是如果分区本身是错误的，那么结果就一定是错误的。

14.3 分类和其他任务的可扩展性

分类算法基本都是假定整个训练集是包括在内存中的，这样就会带来一个问题，如果训练集变得非常大，那么存储器的性能可能就会出现问题。另一方面，类似于关联规则挖掘，分类算法可以通过训练集的采样或分割来构造分类器，但是这种方法的问题在于无法同时达到所有数据计算所使用的精度。

为了设计特殊的数据结构，一种用于产生决策树的算法的可扩展性的方法应运而生。这个系统在 SLIQ［Mehta et al. 1996］、SPRINT［Shafer et al. 1996］、RainForest［Gehrke et al. 1998］和 Boat［Gehrke et al. 1999］以及后来的改进版本中都有所扩展。

SLIQ 只有内存数据中的部分信息。首先，每个记录被赋予标识符（RID）。每个记录由单独的表表示，称为属性列表，它们对应于属性（见图 14.6），每个属性列表又可以由 RID 和对应的属性值组成，属性列表按属性值排序。此外，由 RID 和类名组成的表称为类列表。基于上面的数据结构，以 RID 作为索引键，类名和记录的属性值就可以被访问了。一般地，属性列表存储在磁盘上，而类列表驻留在内存中。大量一次性使用的存储器与类列表的大小成比例（即，训练集的大小）。

RID	Travel
1	dislike
2	dislike
4	dislike
3	like

RID	Age
2	23
3	35
1	38
4	47

RID	Purchase wine	LeafID
1	yes	
2	yes	
3	no	
4	no	

图 14.6　SLIQ

在 SPRINT、RainForest 和 Boat 中，通常会以给每个属性提供一个列表（包含 RID、属性值、类名）的方式来表示一条记录。每个属性列表也会按照属性值来排序。而属性列表的表则是根据数据分区时所保留的记录被分布在合适的位置上。SPRINT 的实例如图 14.7 所示。

Travel	Purchase wine	RID
dislike	yes	1
dislike	yes	2
dislike	no	4
like	no	3

Age	Purchase wine	RID
23	yes	2
35	yes	3
38	no	1
47	no	4

图 14.7　SPRINT

另一种分类可扩展性的方法是并行化。将多个单独的分类器构建成一个高精度的分类器集成运行，它适用于以并行方式执行分类而不用考虑分类器类型的任务。经研究，对单个分类器（例如，决策树）进行并行地集成运行是可以实现的。SVM，已经尝试通过 Cascade 方法进行平行化 [Graf et al. 2004]。还有类似的尝试，例如基于 P2P 环境用于决策树运行的分布式计算 [Bhaduri et al. 2008a] 和多变量分析 [Bhaduri et al. 2008b]。也有人试图通过使用多核计算机执行并行处理进行数据挖掘任务，例如朴素贝叶斯方法 [Chu et al. 2006]。

幂方法也被经常用于 Web 结构挖掘的可扩展性中。为了计算 PageRank，常使用增量法 [Desikan et al. 2005]。首先，此方法计算所有页面的 PageRanks 一次，然后仅对相对于链接结构受到影响的页面以前的页面重新计算 PageRanks，再结合 PageRanks 集成的剩余页面获得结果。还有一种方法 [Gleich et al. 2004] 通过使用矩阵以便并行计算排名。第三种方法是通过在少量迭代中使用蒙特卡罗（Monte Carlo）方法来计算近似特征向量 [Avrachenkov et al. 2007]。

14.4　异常值检测

为了实现大数据处理的可扩展性，需要经常进行随机采样。但是随机采样并不适用于发现那些发生得不是那么频繁的现象。例如，在 10 万亿次中才会产生一次的希格斯玻色子的粒子碰撞理论的发现，就必须对所有实验结果进行详尽的分析才能得出结论。

一般来说，异常值检测是从许多对象中检测出具有与其他对象的值不同的对象。异常值检测的应用包括以下：

- 检测欺诈
- 检测系统入侵
- 预测异常现象
- 检测公共健康领域中接种疫苗的副作用
- 药物在药物中的副作用的检测

异常值检测的典型方法包括以下：

- 基于模型的方法
- 基于邻近度的方法
- 基于密度的方法
- 基于聚类的方法

首先，什么是异常值？根据 D. M. 霍金斯［Hawkins 1980］的理论，异常值的定义如下：

（定义）霍金斯的异常值

异常值是与其他观察数据非常不同的数据，就好像它们是由那些与通常机制完全不同的机制造成的。

然而，这个抽象的定义没有告诉我们如何发现异常值。下面提到的这几种方法则对异常给出了恰当的定义，让我们逐个考察下面的方法。

（1）基于模型的方法

基于统计模型的方法是假设异常值是在概率分布中具有低概率的对象。例如，如果对象服从正态分布，则与平均值的距离超过阈值的对象就可以被视为异常值。

（2）基于邻近度的方法

这种方法通过它们到 k-最近邻的距离来确定异常值。例如，k-最近邻的最小半径被视为对象的异常程度。所以，对象的最小半径越大，则对象是一个异常值的程度也会越高。

（3）基于密度的方法

此方法通过对物体周围的密度取倒数来得到一个值，以确定对象是否是异常值。异常的程度越高，该值就越大。例如，作为数据的密度，在特定距离内的对象的数量和距离的平均值的倒数必须在对象和 k-最近邻之间。

（4）基于聚类的方法

如果对象不属于任何集群，则可以用此方法确定异常值。例如，在分层聚类中，如果一个对象从它所属的集群的质心到另一个质心的距离大于阈值，则被认为是异常值。在某些情况下，当对象属于小规模集群时也可以简单地被视为异常值。

参 考 文 献

[Agrawal et al. 1996] R. Agrawal and J. Schafer: Parallel Mining of Association Rules. IEEE Transactions on Knowledge and Data Engineering 8(6): 962–969 (1996).

[Avrachenkov et al. 2007] K. Avrachenkov, N. Litvak, D. Nemirovsky and N. Osipova: Monte Carlo Methods in PageRank Computation: When One Iteration is Sufficient. SIAM J. Numer. Anal. 45(2): 890–904 (2007).

[Bhaduri et al. 2008a] K. Bhaduri and H. Kargupta: An Efficient Local Algorithm for Distributed Multivariate Regression in Peer-to-Peer Networks. SIAM International Conference on Data Mining, Atlanta, Georgia, pp. 153–164 (2008).

[Bhaduri et al. 2008b] K. Bhaduri, R. Wolff, C. Giannella and H. Kargupta: Distributed Decision Tree Induction in Peer-to-Peer Systems. Statistical Analysis and Data Mining 1(2): 85–103 (2008).

[Cheung et al. 1996] D.W. Cheung, J. Han, V. Ng, A. Fu and Y. Fu: A fast distributed algorithm for mining association rules. In Proc. of Int. Conf. Parallel and Distributed Information Systems, pp. 31–44 (1996).

[Chu et al. 2006] C.T. Chu, S.K. Kim, Y.A. Lin, Y. Yu, G. Bradski, A.Y. Ng and K. Olukotun: Map-reduce for machine learning on multicore. In NIPS 6: 281–288 (2006).

[Desikan et al. 2005] Prasanna Desikan, Nishith Pathak, Jaideep Srivastava and Vipin Kumar: Incremental page rank computation on evolving graphs. In Special Interest Tracks and Posters of the 14th International Conference on World Wide Web (WWW '05). ACM (2005).

[Ester et al. 1996] Martin Ester, Hans-Peter Kriegel, Jörg Sander and Xiaowei Xu: A density-based algorithm for discovering clusters in large spatial databases with noise. In Proc. of the Second Intl. Conf. on Knowledge Discovery and Data Mining, pp. 226–231 (1996).

[Gehrke et al. 1998] Johannes Gehrke, Raghu Ramakrishnan and Venkatesh Ganti: RainForest—A Framework for Fast Decision Tree Construction of Large Datasets. In Proceedings of the 24rd International Conference on Very Large Data Bases (VLDB '98), pp. 416–427 (1998).

[Gehrke et al. 1999] Johannes Gehrke, Venkatesh Ganti, Raghu Ramakrishnan and Wei-Yin Loh: BOAT—optimistic decision tree construction. ACM SIGMOD Rec. 28(2): 169–180 (1999).

[Gleich et al. 2004] David Gleich, Leonid Zhukov and Pavel Berkhin: Fast parallel PageRank: A linear system approach. Yahoo! Research Technical Report YRL-2004-038 (2004).

[Graf et al. 2004] Hans Peter Graf et al.: Parallel Support Vector Machines: The Cascade SVM. In NIPS. 2004, pp. 521–528 (2004).

[Guha et al. 1998] Sudipto Guha, Rajeev Rastogi and Kyuseok Shim: CURE: An Efficient Clustering Algorithm for Large Databases. In Proc. of the ACM SIGMOD intl. conf. on Management of Data, pp. 73–84 (1998).

[Hawkins 1980] D. Hawkins: Identification of Outliers. Chapman and Hall (1980).

[Hinneburg et al. 1998] Alexander Hinneburg and Daniel A. Keim: An Efficient Approach to Clustering in Large Multimedia Databases with Noise. In Proc. of Intl. Conf. on Knowledge Discovery and Data Mining, pp. 58–65 (1998).

[Ishikawa et al. 2004] Hiroshi Ishikawa, Yasuo Shioya, Takeshi Omi, Manabu Ohta and Kaoru Katayama: A Peer-to-Peer Approach to Parallel Association Rule Mining, Proc. 8th International Conference on Knowledge-Based Intelligent Information and Engineering Systems (KES 2004), pp. 178–188 (2004).

[Karypis et al. 1999] George Karypis, Eui-Hong Han and Vipin Kumar: CHAMELEON: A Hierarchical Clustering Algorithm Using Dynamic Modeling. IEEE Computer 32(8): 68–75 (1999).

[Mehta et al. 1996] Manish Mehta, Rakesh Agrawal and Jorma Rissanen: SLIQ: A Fast Scalable Classifier for Data Mining. In Proceedings of the 5th International Conference on Extending Database Technology: Advances in Database Technology (EDBT '96), Springer-Verlag, pp. 18–32 (1996).

[Park et al. 1995] Jong Soo Park, Ming-Syan Chen and Philip S. Yu: An Effective Hash-Based Algorithm for Mining Association Rules. In Proc. of the 1995 ACM SIGMOD Intl. Conf. on Management of Data, pp. 175–186 (1995).

[Russell et al. 2003] Stuart Jonathan Russell and Peter Norvig: Artificial Intelligence: A Modern Approach. Pearson Education (2003).

[Shafer et al. 1996] John C. Shafer, Rakesh Agrawal and Manish Mehta: SPRINT: A Scalable Parallel Classifier for Data Mining. In Proceedings of the 22nd International Conference on Very Large Data Bases (VLDB '96), Morgan Kaufmann Publishers Inc., pp. 544–555 (1996).

[Zaki et al. 1997] M. Zaki, S. Parthasarathy, M. Ogihara and W. Li: New Algorithms for Fast Discovery of Association Rules. In Proc. of 3rd ACM SIGKDD Int. Conf. on Knowledge Discovery and Data Mining, pp. 283–296 (1997).

[Zaki 1999] M.J. Zaki: Parallel and Distributed Association Mining: A Survey. IEEE Concurrency 7(4): 14–25 (1999).

[Zhang et al. 1996] Tian Zhang, Raghu Ramakrishnan and Miron Livny: BIRCH: an efficient data clustering method for very large databases. In Proc. of the ACM SIGMOD intl. Conf. on Management of Data, pp. 103–114 (1996).

附　　录

附录 A　在大数据时代数据科学家所需的能力和专业知识

数据分析员也称数据科学家。在大数据时代，数据科学家们的需求量越来越大。在这一部分的结尾，将总结大数据科学家所需的能力和专业知识。它们至少包括以下项目。（请注意，本书会在相应章节中详述相关的主题）。

- 可以构建一个假设
- 可以验证假设
- 可以挖掘社交数据以及通用 Web 数据
- 能处理自然语言信息
- 能恰当地将数据和知识表示出来
- 能恰当地将数据和结果进行可视化
- 可以使用 GIS（地理信息系统）
- 了解各种各样的应用
- 了解可扩展性
- 了解并遵守与隐私和安全有关的道德和法律
- 可以使用安全系统
- 能与客户沟通

根据上述条目的顺序，我们将做出补充说明。

引用数据密集型科学的成功例子，希格斯玻色子的发现就是通过假设大量的经过独立分析的实验数据而得到的，假设的作用在大数据时代从未如此重要过。正如多次提到的，在构建分析假设前必须适当收集数据，适当选择已收集的数据，并适当采用确定假设作为分析结果。因为数据挖掘有助于假设构建，有关这种技术的适用知识是必不可少的。为了使作为分析结果的假设被广泛接受，它们必须具有一定的数量分析。所以关于统计和多变量分析的知识也是必须了解的。

一般来说，没有明确语义的物理现实世界的数据和有明确语义的社交数据一起构成了大数据。这两种数据的综合分析在大多数大数据应用中越来越有必要。由于社交数据基本上是在网络上，因此，应用 Web 挖掘的知识是必要的。此外，由于社交数据通常是以自然语言进行描述的，所以用于分析社交数据的自然语言处理的知识，特别是文本挖掘是可取的。

由于从假设或对应于它们的中间数据构造的知识表示，明显地决定了后续任务是否能被计算机平滑处理，所以强烈期望有适当的数据表示。因此，有关数据和知识表示的实用知识是必要的。同样地，需要分析的中间和最终结果也应该是可理解的，这样才能使数据科学家和领域专家进行总结。分析总结的适当可视化使他们能够理解构造的假设，发现新的见解，并构建进一步的假设。关于可视化工具的应用知识也是人们所期望的。

现在，许多应用都会将地理和时间信息添加到所收集的数据中。在这种情况下，基于映射的地理信息系统（GIS）可以用作可视化平台。特别是，富士山成为世界文化遗产，东京成为2020年夏季奥运会的举办地，这些都将推动日本的旅游部门开发与GIS相关的大数据应用。在这种情况下，关于GIS的应用知识，也意识到时间信息是有帮助的。数据科学家应该对各种各样的应用领域和涉及这些领域的人物感兴趣或有所了解。

如果可以以某种方式（如纵向扩展和横向扩展）提供更多的处理能力，可扩展的系统或工具就可以处理大量的实际数据。数据科学家必须能够判断可用的系统或工具是否是可扩展的。特别是，期望拥有关于并行和分布式计算这些横向扩展方面的知识，这是目前主流的Web服务技术。

不限于社交数据，个人生成的数据也是只有本人认可才能被使用。这样是为了保护用户的隐私，服务提供商和用户都需要尊重相关伦理和政策，并遵守相关法律法规。然而，也确实存在一些人忽视它们并犯罪。所以有必要知道用于保护数据和系统以及用户隐私免受此类危害的安全机制。

最后这项同样非常重要，沟通能力，我们需要通过沟通从不同领域的专家那里提取精华和经验知识，根据这些知识构建假设，然后通过沟通将假设和结果分析阐述给各个领域的专家。

读者已经注意到了，单个的数据科学家很难拥有以上所有高水平的能力。换句话说，不需要有一个超级数据科学家，但必须有一个有能力的团队负责大数据的分析与利用。因此，构建大数据应用，旨在发现集体知识和智慧，需要一个团队成员间的多样性和协同性。

一般来说，很少有人能够提前拥有足够的信息和知识。因此，如果还有一个能力需要添加到上面的列表中，那就是丰富的想象力。

附录B　关于结构、内容和访问日志挖掘技术之间关系的备注

到目前为止，结构挖掘、内容挖掘和访问日志挖掘技术已被描述为单独的技术，无论它们各自针对的是Web数据、XML数据和社交数据。然而，它们之间是相互联系的。

不用说，诸如关联分析、聚类分析和分类等的基本挖掘技术可以应用于结构的、内容的和访问日志挖掘中的任何一种。如前所述，如果将访问日志数据表示为树结构，则访问日志挖掘中的问题就可以转换为结构挖掘中的问题。

下面，将从这个角度对内容挖掘和结构挖掘进行具体的探讨。

分析推文内容的第一步是找到频繁项和频繁共引项。第二步是分别将术语和术语间共引关系与图形的节点和节点之间的边对应起来。请注意，由于实际原因，通常只有频率高于指定阈值的术语和共引才能包括在图形元素中。下一步是找到对应于具有高中心性的节点的术语，例如中间中心性，其定义如下。

（定义）中间中心性

节点的中间中心性是通过节点的其他两个节点之间的最短路径的总数除以这两个节点之间的所有最短路径的总数。

其他中心包括基于节点的度数中心性和基于节点和每个其他节点之间的所有最短距离之和的倒数的接近中心性。无论如何，上述方法可以被认为是将内容挖掘中的问题转换成结构挖掘中的问题的解决方案。

例如，借助于伪相关，要找到在特定时段从特定站乘坐的乘客数量（即物理真实世界数据）快速增加的原因，可以通过过滤一组该时段在该站点附近发布的一组推文（即社交数据），并且关注该组推文中对应于具有上述如此高中心性的节点的术语。

Social Big Data Mining / by Hiroshi Ishikawa/ ISBN：9781498710930

Copyright © 2015 by Taylor & Francis Group，LLC

CRC Press is an imprint of Taylor & Francis Group，an Informa business

Authorized translation from English language edition published by CRC Press，part of Taylor & Francis Group LLC；All rights reserved.

本书原版由 Taylor & Francis 出版集团旗下 CRC 出版公司出版，并经其授权翻译出版。版权所有，侵权必究。

China Machine Press is authorized to publish and distribute exclusively the Chinese（Simplified Characters）language edition. This edition is authorized for sale throughout Mainland of China. No part of the publication may be reproduced or distributed by any means，or stored in a database or retrieval system，without the prior written permission of the publisher.

本书中文简体翻译版授权机械工业出版社在中国境内（不包括香港、澳门特别行政区及台湾地区）出版与发行。未经出版者书面许可，不得以任何方式复制或发行本书的任何部分。

Copies of this book sold without a Taylor & Francis sticker on the cover are unauthorized and illegal.

本书封面贴有 Taylor & Francis 公司防伪标签，无标签者不得销售。

北京市版权局著作权合同登记：图字 01－2016－6519 号。

图书在版编目（CIP）数据

社交大数据挖掘/（日）石川博编著；郎为民等译. —北京：机械工业出版社，2017.8

（国际信息工程先进技术译丛）

书名原文：Social Big Data Mining

ISBN 978-7-111-57722-5

Ⅰ.①社… Ⅱ.①石…②郎… Ⅲ.①数据处理 Ⅳ.①TP274

中国版本图书馆 CIP 数据核字（2017）第 196562 号

机械工业出版社（北京市百万庄大街 22 号 邮政编码 100037）
策划编辑：张俊红 责任编辑：陈崇昱
责任校对：潘 蕊 封面设计：马精明
责任印制：孙 炜
北京中兴印刷有限公司印刷
2017 年 11 月第 1 版第 1 次印刷
169mm×239mm · 11.5 印张 · 268 千字
标准书号：ISBN 978-7-111-57722-5
定价：59.00 元

凡购本书，如有缺页、倒页、脱页，由本社发行部调换
电话服务 网络服务
服务咨询热线：010－88361066 机 工 官 网：www.cmpbook.com
读者购书热线：010－68326294 机 工 官 博：weibo.com/cmp1952
　　　　　　　010－88379203 金 书 网：www.golden-book.com
封面无防伪标均为盗版 教育服务网：www.cmpedu.com